U0168800

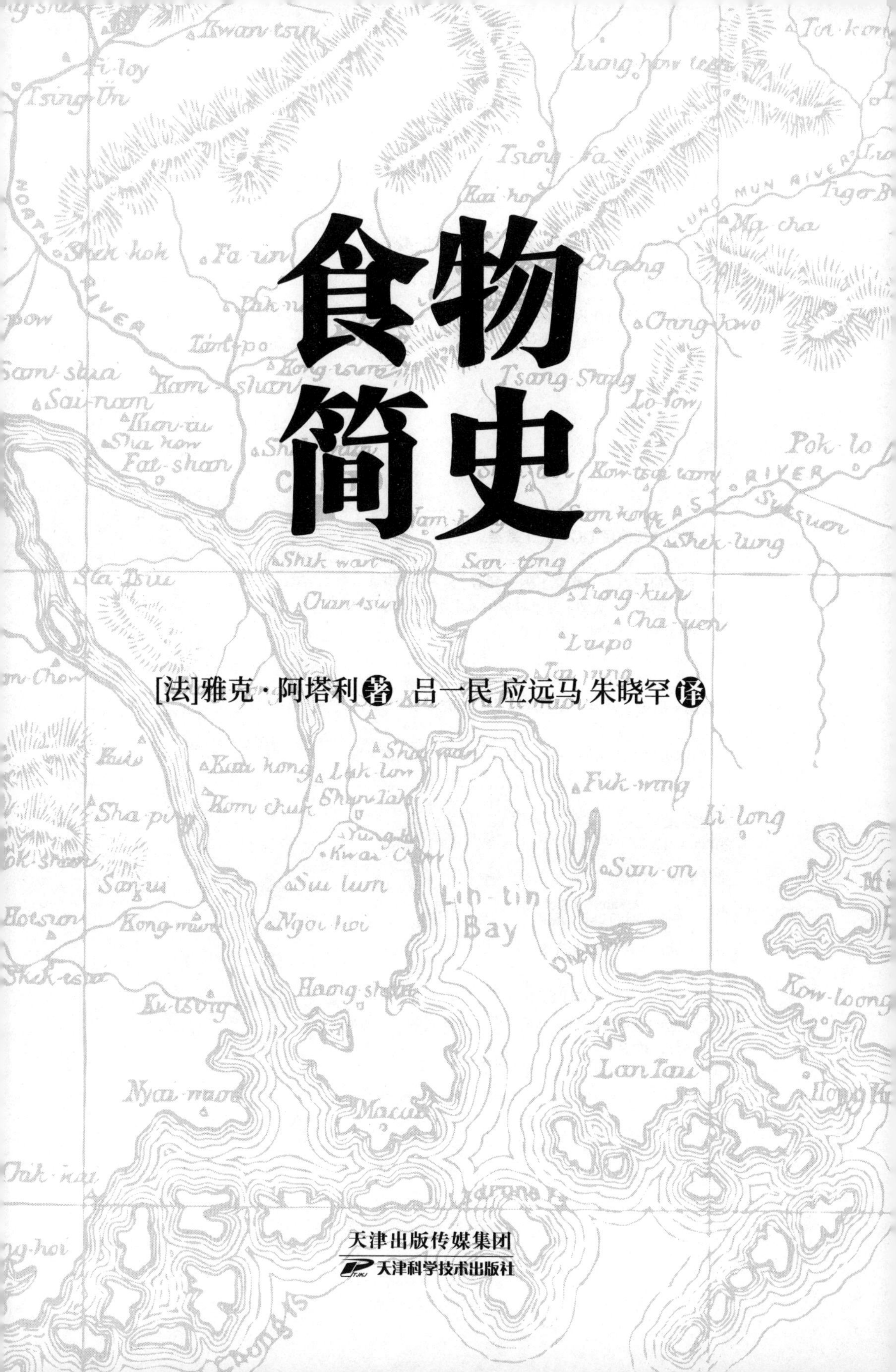

食物简史

[法]雅克·阿塔利 著　吕一民 应远马 朱晓罕 译

天津出版传媒集团
天津科学技术出版社

著作权合同登记号　图字：02-2020-427

图书在版编目（CIP）数据

食物简史 /（法）雅克·阿塔利著；吕一民，应远马，朱晓罕译 . -- 天津：天津科学技术出版社，2021.5
ISBN 978-7-5576-8994-0

Ⅰ . ①食… Ⅱ . ①雅… ②吕… ③应… ④朱… Ⅲ . ①食品－历史－世界－普及读物 Ⅳ . ① TS2-091

中国版本图书馆 CIP 数据核字 (2021) 第 061274 号

食物简史
SHIWU JIANSHI

责任编辑：刘 颖
出　　版：天津出版传媒集团 天津科学技术出版社
地　　址：天津市西康路 35 号
邮　　编：300051
电　　话：（022）23332372
网　　址：www.tjkjcbs.com.cn
发　　行：新华书店经销
印　　刷：三河市宏图印务有限公司

开本 690×980　1/16　印张 18.5　字数 250 000
2021 年 5 月第 1 版第 1 次印刷
定价：56.00 元

献给我以厨艺表达爱意的母亲

导　论

我喜欢这样来度过时光：与相亲相爱者共同进餐，利用这些时刻打开一个新的世界；花上数小时讨论各种菜谱、各种配料或各种供应商；发现几家新的餐馆，宛如对别处和往昔的烹饪来场吃货之旅，然后喋喋不休地谈论它们。我真的非常喜欢参与者都是朋友的这种没完没了的夜宴。在这一过程当中，我们认识新的事物，开开玩笑，或起先争论不休，继而又冰释前嫌。我钦佩那些厨师，无论他们是女性还是男性；无论他们是在家中为家人做饭，还是在大酒店里为富有的宾客掌勺；无论他们被视为手艺人还是被称为艺术家；无论他们天资平庸还是自信心爆棚。他们都是工作狂，都希望能够给别人，甚至是那些陌生的人带来享受，尽管这些人极少会花超过一小时的时间来品尝他们可能用了数天时间思考、备料和烹制的菜肴；这些菜肴也可能耗费了他们数年的心血，如果将其余必需的时间也计算在内：比如动物饲养、蔬菜生长、香料运输、菜谱的发明和完善。

然而，就本人的用餐时间来说，在大部分情况下，也就是花上几十分钟而已。

行文至此，我觉得这并非纯属本人的独特感受：世界上无论哪个地方，只要不是经受饥荒或受到条件限制，大部分人都会喜欢跟其他人一起好好地吃上一顿，并愿意把自己的时间花在这上面。他们喜欢做饭烧菜，既乐于做给别人吃，也喜欢由别人做给自己吃。吃饭时可能会带来的交谈，能让人在时常过得并不轻松的日子里亦能充分享受片刻闲暇。

不过，世界上到处都一样的是，人们在这方面所花的时间会越来越少。

那么，我们为何要这样来剥夺自己的一种简单、基本而重要的乐趣呢？为什么一起用餐的时光会越来越少呢？为什么最后大行其道的用餐是公务聚餐呢？为什么最后我们会只用几分钟时间（除了那些顶级富豪）吃一些充满糖分和脂肪的工业食品呢？聚餐的大桌、餐厅，甚至是厨房，它们都在消失，这种现象难道是人与人之间的关系在分崩离析的预兆吗？我们能够想象有朝一日沉浸在如下情景吗：总是独自一人，食无定所，吃的只是一些受过污染的蔬菜、有毒的肉类和工业产品吗？

所食之物曾为何物？现为何物？将来又会是何物呢？

关于上述问题的答案，将会在很大程度上告诉我们：我们是什么？威胁着我们的是什么？我们能够克服的又是什么？

关于我们通过触觉、视觉和听觉被形塑成人的方式，固然已不乏相关论述，但人们业已在渐渐地遗忘，我们也同样甚至更多的是通过味觉和嗅觉被确定为人的。人们甚至已经忘记，倘若人类丧失了吃饭的必要需求，丧失了一起吃饭的时间需求，那么，社会、政治、技术、文化，等等，都将无从解释。凡此种种，皆需凭借这一方式来被礼仪化、制度化和等级化。

人们已经忘记，婴儿在妈妈的肚子里就已在吃东西。令其成为人的一切，都通过人的嘴巴而来：吃喝、说话、喊叫、恳求、嬉笑、辱骂、爱慕、呕吐。人们也忘记了，说话和吃饭难以分离，都关乎本质的东西：死亡和生命。

自有人类以来，食物远远不止是一种维持生命的需求。食物也是一种快乐的源泉、语言的基础、情感的基本维度、重要的经济活动、交流的范围、社会组织的关键要素。食物将我们与他者、与自然、与动物之间的关系固定了下来。食物可以对我们处境的特殊性，以及性别关系的本质做出最为完美的衡量。

我们既可能死于吃得不够，也可能送命于吃得太多。如果以食物为支撑的对话难以再实现，人们就无法存活下来。对于一种文化的构成及其演进而言，食物起着必不可少的作用：倘若一个社会在农业、温饱和美食方面的组织不能构成坚实的社会基石，这个社会就不可能延续下来，从来如此，概莫能外。

事实上，人类跟其食物之间的这种紧密，甚至是无处不在的关系，源于早期动物物种基础上的古人种的逐渐出现。食物随后构成了人种绝大部分重要进化的源头，从语言的出现直至取火皆是如此。而后，它也是后来一系列发明的源头：棍棒、弓箭、轮子、农业、饲养业。还有其他很多方面，都是出于对食物的需求而得以实现的。食物由此可以极为广泛地用来解释对某座城池、某个帝国、某个国族权力的攫取：历史和地缘政治，首先是食物的多种历史。

在数千年时间里，人类先是依靠自然界，他们自己并不生产。然后，他们就汇聚在了一起生活。然后，当他们开始自己生产食物的时候，比如耕种土地和饲养动物，他们将决定自己生存的权力交给了统治者们。然后是交给了商人，再接着是企业主，而且很快就要交给机器人了。直至某一天，或许他们自己也变成了靠人工制品来果腹的机器人。

在数千年时间里，权贵们想要推行食物禁忌，将之与禁欲连在一起，甚至还认定了一些人，这些人属于每个人都有权利与之共同进餐的人。

在数千年时间里，人类发明了武器来猎杀动物，这些武器也被用来杀人，那些被杀者有时候也被拿来吃：进食和战争源于相同的手段和相同的目的。

在数千年时间里，人类吃饭既不分地点也不在乎时间，只看是否有食物可以食用。后来，吃饭的时间根据昼夜变化规律越来越固定于某些时刻。仿佛用餐时间的稳定跟定居生活不无关系。

在数千年时间里，男人们得等着女性为他们做饭，至于女人们能做些什么却得根据男人们狩猎和采摘所得来确定。他们若是空手而归，那就将会是，要么被抱怨饭菜质量太差，要么被抱怨服务没有到位，甚至是两者都被抱怨。有时候，食物、贞洁和性也会非常清晰地连接在一起：特别是对于壮阳食物的寻求很快就变成了一种颇具普遍性的执念。

在数千年时间里，各个民族的特性既根据他们的土地、景观，以及他们种植的植物和饲养的动物来确立，同时也根据他们的烹饪方法和就餐方式来确立。

尤其值得一提的是，数千年来，食物确立了交谈的规则和社会联系的结构。有一些人可以跟国王一起吃夜宵。跟家人一起吃饭者有之，需在外面讨饭者亦有之，还有一些人则什么都没得吃。有一些人在生产自己的食物，而另有一些人则只从别人那里获取食物。

帝国、王国、国族、企业、家庭的组织要素，均是在聚餐当中得到了确立。聚餐，所做出的一切决定都是为了吃饭，而且是通过吃饭这种方式相互交流。这种目的和方式至今犹存。

在数千年时间里，有人因为吃得过多而死，但是更多的人则是因为实在不够吃而丧生。后者一旦积聚了力量就会反抗，起来反抗他们所猜到的或想象出来的拥有筵席的那些人。

于是，食物向我们映射出了当下的利害关系，它会告诉我们以下内容：我们的自尊、我们与他者沟通的能力、我们对弱者的关注、性别之间的关系、我们世界的开放程度、我们的权利状况，以及我们与工作、自然、气候和动物世界的关系。它会比其他的一切更好地向我们指出不平等何在，即为数极少的一些人尚能以有益于健康的方式来解决吃饭问题，而其他的人却难以这样。

因此，较之其他任何一种人类活动，进食都更多地处于历史的中心位置。于是，若要理解它并在未来有所作为，就应当能对与之相关的所有谜题予以解答。

饭局依旧是一个聚会、交谈、创作、沟通、社会控制之地吗？还是我们都将变成自恋和冷漠的孤僻者，独自一人默默地，并根本不在乎时间地享用着一些工业产品。我们会不会逐渐迷失，直至今天的农业和烹饪所代表的东西都变成了回忆，就如同人们可能已经遗忘的那些中世纪的王公们，或者是中国皇帝们，还有奥斯曼君主们享用的食物。我们会不会永远忘记令家庭、政治、社会生活得以建构的外省居民们的那种通宵达旦的宴会？我们还将会在很长时间里被那些堂而皇之推销给我们的成品菜所毒害吗？还会不会有越来越多的人可以享受到当今只是为某些人专供的产品呢？或者，这些菜肴会不会有一天出于环境方面的理由而全部被禁呢？用来消费的植物种类会不会越来越少呢？我们会被我们的食物害死吗？我们还要在很长时间里坚守社会公约或规则吗？还是很快就会屈服于人工智能的统治，由它把我们有权利和义务去吃的东西强加给我们？人们还会思考人类与其他生物之间的界限吗？人们还会在不考虑摧毁地球和生命的情况下喂饱70多亿人类吗？日益减少的地球上的农民又将会变成什么呢？我们还会在很长时间里保持依靠其他生命来养活自己的可能性和欲望吗？我们会不会很快就像三分之一的人口已经在做的那样去吃一些昆虫呢？或者是只吃人造肉，抑或是其他千百种的人工制品？我们会不会很快就要经历一场食品引发的暴乱或一场饥荒引发的混乱，就像在文明史中经常发生的那样？最后，法国会不会一直保持自己独特而绝妙的用餐模式呢？根据这种模式，食物的质量是跟自己所消耗的享受食物的时间结合在一起的。法国还能继续充当典型、榜样和先锋吗？

这些问题往往是被过多地掩盖，因为大量的金融和政治利益让人们宁愿禁止讨论这些问题：经济领域希望人们快速消费越来越工业化的产品，在吃的方面尽可能地减少支出，将钱花在消费社会推荐的其他产品上。政治领域则打算引起我们的恐惧，从而可以掌控我们的诉求。

但是，倘若人们希望人类能够存活下去，希望能够拥有一种富足和自然的生活、一种真正属于人的生活，我们需要梳理出前辈们养活自己的方式、在进食方面所投入的时间、在饭桌上构建起来的社会关系、在食物上所花的开销、在饮食中所形成的和所消解的权力，需要人人都将进食变成一种快乐、分享、创作、愉悦、超越自我的源泉，还需要将进食变成一种拯救地球和生命的手段。

我相信，在其他众多的主题中已经证明了这一点：如果对过去没有深入和详细地了解，就不会有任何当下的理论，也不会有任何对未来的有价值的预言。

本人曾经研究和撰写过不少涉及其他领域的漫长的历史（音乐史、医学史、时间测量史、财产史、游牧生活史、爱情史、死亡史、地缘政治史、技术史、犹太史、现代性的历史、预测史、海洋史），也曾经透过这些包含了各种知识和各种文化的历史去努力想象过我们的未来。在这之后，我将在本书中去做类似的事情，亦即在这里就人类以前的进食方式和现在的进食方式进行梳理。

为此，我应当在此重新汇集浩如烟海的知识，这些知识往往散落在那些值得推崇的专业著作之中。唯有在时间和空间里对比这些细微的事实，才能产生名副其实的全球史，一种能够赋予未来某种意义的历史。

让我们开始这场旅行，并看看它会把我们引向何方。

目 录

第一章 行走天下，靠天吃饭

从动物到人类：边走边嚼......002
能人、匠人和直立人：边哼哼边生吃......004
从生吃到熟食：边吃边储存......007
尼安德特人，最早的欧洲人：受到不公平诋毁的食肉者......008
智人（Homo sapiens），将食物变成交谈主题的人......009
吃遍全球......010

第二章 征服自然，享用自然

在中东，为了种植而定居......014
气象、天文、星相：从依靠老天到指望收成......016
在欧洲，吃人肉的行为依旧存在......017
在其他地方，继小麦之后出现了水稻......018
在美索不达米亚地区：早期的谷物，早期的帝国......020
最初的宴会：为了更好地统治而交谈......022
在中国，最早的营养学......024
在印度，素食主义的开端......026
中美洲帝国，一直以自己的方式生活......028
在埃及：吃与说是一回事......029
撒哈拉沙漠以南的非洲地区：丰富的自然资源推迟了帝国的诞生...032
希腊：吃饭为了理政......033
在罗马，吃饭为了统治......038

第三章 欧洲餐饮的诞生和荣耀

从公元 1 世纪至 17 世纪中期........044
中世纪前期：封斋前的狂欢和斋戒........045
在伊斯兰国家：吃饭需要有节制........047
中世纪末期：香料和失落的天堂........049
宾馆、旅店：旅途中的餐饮........051
从 14 世纪到 16 世纪，意大利餐饮的辉煌........052
属于例外的法国........056
17 世纪，法国崭露头角........058
来自美洲的革命：土豆、玉米和巧克力........059

第四章 法国餐饮，荣耀和饥馑

从 17 世纪中期到 18 世纪........066
太阳王的餐桌，法国独特性的典范........066
“平民厨房”宣告“革命”........070
喝苏打水吧，切勿喝酒........072
在此期间的亚洲，宴会和饥荒........073
在美洲，移民比英国人吃得好........074
巴黎最早的餐馆，交谈和颠覆的场所........075
饥荒，起义和革命........077
大革命和资产者宴会........079
美食外交........081

第五章 豪华酒店的美食和工业化食品

19 世纪........084
工业化从食品供应开始........085
化肥和巴斯德灭菌法........087
孩子们的食物........091
美国人登陆：苏打水和自动售卖机........092

里兹先生和埃斯科菲耶先生创办豪华大酒店 095
欧洲百姓：还是面包和土豆 098
在世界其他地方：多样化在持续 100

第六章 为食品资本主义服务的营养学

20 世纪 104
美国资本主义的计谋：营养学 105
卡路里和麦片 108
为方便资本主义而让人忘记餐桌 110
掩盖味道 111
芝加哥屠宰场开始流水线作业 112
批量生产食物 113
吃得快，fast-food 115
美国进军世界餐饮业 118
抵抗饥荒，不惜一切代价 120
越来越强大的世界农业食品加工工业 124
换掉食糖 125
吃得更多，但是质量更差 126
消费者抵制食糖之不可能的战斗 127
吃饭次数越少，消费越多 128
法国仍在独自抵制：“新烹饪” 130

第七章 今天：世界上的富人、穷人和饥馑

全球农业食品加工工业和农业状况 134
甚至富人们也抛弃了餐桌 137
中产阶级混杂着吃 139
最贫困者继续死于饥饿或死于食物 141
家庭聚餐几乎消失了 143
婴儿食物 145
在学校里吃饭 146

工作餐 147
纯素食主义风靡全球 148
宗教饮食 150
昆虫消费 150
法国特例在持续 153
糖、肥胖和死亡 155
杀手不仅仅是糖 156
蔬果、肉类和鱼类过度生产 159
饮食导致温室气体过度产生 161
破坏土地 162
缩减生物多样性 164
“大秘密” 165
觉醒 166
青少年的最佳食物 167

第八章　三十年后，昆虫、机器人和人类

首先：需求 173
能够养活 90 亿人类吗？ 174
最富有者将吃得越来越好且越来越少 176
越来越亚洲化和杂交化的文化选择 177
肉和鱼的消费会减少 179
素食主义者，不同的吃法 180
昆虫消费增加 182
糖类消费减少 185
吃饭为了治病 187
模仿大自然 189
以人造物为食物的人造物 190

第九章　在沉默中独自吃饭

厨房终结 195
流动者的包装：粉末套餐 197

奔向饮食孤独……198
被监控的沉默社会……201
烦恼还将继续，甚至更糟……202

第十章 食当为何物?

高素质的小型生产者将会为所有人创建理想的农业……207
对全球农业食品加工业采取更有约束性的规则……210
每个人最佳的饮食制度：食物利他主义……212
少吃肉，多吃蔬菜……214
大量减少糖的消费……215
吃本土产品……216
吃得更慢一点……217
了解所吃的食物……218
食品教育……219
吃得更少一点……221
“健康的烹饪”，为了健康的生活和健康的地球……222
找回一起吃饭并说话的快乐……223
食物的历史与未来……224

附录 食物的科学原理

味道……228
人体的食物需求……229
食物如何影响我们的大脑呢?……233
是什么在影响我们的食欲?……234
国际生态目标中的食物……235

致 谢……237

参考文献……239

第一章

行走天下，靠天吃饭

人类最早的祖先究竟吃些什么和怎么吃，人们真的是不得而知。在数十万年前，人类最早的祖先还只是一些生活在非洲、四处游荡的猴子。在有最早期活动迹象的地方，人们考察了所发现的一些植物和动物的化石以及动物化石中的牙齿[206, 207]。通过这些动物化石，人们能够确定这一种前人类的种类（ces espèces pré -humaines）是属于素食动物、杂食动物还是肉食动物；而且，人们可以推算出他们所吃的东西是他们周围的植物还是动物。

人们可以认为，这些生物会独自找到他们所需要的食物，他们也会独自吃饭。已经可以确定的是：在很久之后，寻找食物成了某种语言、某种家庭和部落的聚集和沟通的最初主题和起源。

从动物到人类：边走边嚼

在 1000 万年前，人类和大猴子的先祖们（都在非洲）还是一些在树上活动的游荡者。他们吃的是在树上找到的果子和昆虫，这些食物只能生吃，因为那时还没有火，也没有语言[36, 90]。

不久之后，由于非洲的气候干旱，这些灵长类动物不得不从树上下来生活，不过他们还是会待在树林附近，他们开始吃掉到地上的果子，甚至有时候会吃已经腐烂发酵的果子。于是，某种基因突变让他们可以比之前能够更快速地代谢乙醇，这种情况促进了他们的消化和脂肪储存。

在距今1000万年至600万年之间，在中新世的后半期，这些动物中间产生了分化，有的在后来变成黑猩猩族，有的则变成了人族[39]，属于后者的类人猿开始向其他大陆迁徙。在欧洲南部，人们发现了700万年前的山猿（Oreopithecus bambolii）化石。

也许，就是在这个时候，出现了在数百万年之后才衍变成语言的早期符号。像动物一样，这些灵长类就他们吃的东西、找到的东西、分享的东西、争吵的东西进行交流[125]。

在上新世，即距今700万年前，灵长类分化为黑猩猩类（Panines）和人科（Homo）。在非洲，出现了南方古猿，它属于类人巨猿的一个分族[28]。与之前的灵长类不同的是，南方古猿能够直立行走，虽然他们还算不上严格意义上的两足动物，但这已是巨大的进步。

南方古猿的颅骨结构与之前的巨猿颅骨结构接近，他们被分成数个种类（南方古猿湖畔种、南方古猿阿法种、南方古猿非洲种、南方古猿羚羊河种、南方古猿惊奇种、罗百氏傍人、南方古猿埃塞尔比亚种和鲍氏傍人）。

在今天已知的、能够直立行走的原始人化石中，最为古老的属于“杜马伊”（Duma）或称“乍得人”（Chadian），他们是在恩贾梅纳北部的杜拉布沙漠中被发现的，距今约700万年。杜马伊身高约1.1米，体重30公斤左右，颅腔容量约360毫升（远不足以掌握语言）。他们的双手跟我们现在的手非常接近，也许能够凿磨石块或做些编织的活。杜马伊还只能够吃些蔬菜、果子，只能够生吃小动物或找到的小动物尸体[11, 325, 326]。

于是，还得有数百年的时间，他们必须靠这种游荡的生活才能带来可以果腹之物。南方古猿为了找到食物，在整个非洲大陆上奔波。他们吃块茎、植物、昆虫、小动物、鬣狗留下来的剩骨……他们可能已经开始猎杀一些小动物来吃，不过，猎杀时要么赤手空拳，要么靠投掷石块。他们也可能已经就尚未出现的语言的雏形进行提炼。

到了距今 300 万年前，他们发生了巨大的进化。东部非洲的气候干旱导致了森林面积的退缩和非洲草原的扩展，而后者将南方古猿引向了群居生活[28]。他们就像当今某些有着同样脑容量的猴子一样，以几个小群组成群居生活，以树叶、果子、鸟蛋、昆虫等为食物，将打猎和采摘获取的成果归为集体所有，并且一起用餐。这种做法带动了他们在智力与合作方面的发展[28]。或许，从这一刻开始，最强者就要比最弱者吃得更好，特别是男人吃得要比孩子和女人更好。他们还停留在生吃的时代。至于他们是否会吃同类？这无从知晓，极少有人跟我一样敢去想这个问题。

人们可以估计，在 300 万年前，南方古猿懂得了对食物进行清洗（这种猜测通过将南方古猿与日本鹿岛上的猴子们在今天的行为比较而得出，因为这些猴子的脑容量跟南方古猿的脑容量相近），还有一些猿人懂得了在工具存放处附近储存动物尸体。

能人、匠人和直立人：边哼哼边生吃

距今 230 万年前，更新世初期，在埃塞俄比亚出现了第一个被称为人类的种属：能人（Homo habilis）。与南方古猿相比，他们的上下颌没有那么发达，臼齿和犬牙还小得多，切牙则大很多，颅骨和脑容量都更大（他们的脑容量在550~700毫升之间，南方古猿则只在400~500毫升之间）[101]。

能人与南方古猿和其他种属的区别，在于能人具有使用工具的能力。虽然当时人类语言尚未成型，但他们在交流能力方面相比其他种属也许要更好一点。能人可能属于杂食者，他们吃树叶、野果、种子，也吃动物。他们从沼泽地里捕获食物（比如乌龟），还会捕食早期的哺乳动物，主要是猴子、鬣狗[28]，也可能生吃一些从江河里抓来，或者是从水边和海边抓来的鱼。他们还没有开始吃谷物，没有吃豆科类，也没有糖类和乳类食物。

在东部非洲，人们从南方古猿和能人的尸骨边发现了用石块、龟壳，甚至是象骨做的工具，说明他们具有了真正的狩猎能力，但是还没有发现投掷类武器的使用迹象。

在同一时期，大约是200万年前，同样是在非洲，出现了匠人（Homo ergaster）[212]。他们似乎首先是生活在当今的肯尼亚一带，那里的食物营养丰富（有助于减少食量和消化所需的能量），方便肠体变小，然后令胸腔和盆骨收缩，最后使得大脑可以利用节约下来的能量来进化。于是匠人变成了身材高大的两足动物（约1.7米），其脑容量（平均达到850毫升）[101]要大于同时期生存的其他人种。从此，他们具有了开启语言交流的必要特征。他们可能会使用火，但是还没有造火的能力。

到了170万年前，还是在非洲东部，出现了最早的两面石器[317]。这是匠人根据碎石（往往是取自火山岩石，比如石英或燧石）发明的，用来切割猎物。吃饭、说话、狩猎，对他们来说都是一场冒险经历。

还是在170万年前，能人消亡，直立人（Homo erectus）出现，依旧是在东非[319]。他们的下巴还是突出的，颌骨坚硬，额骨更加突出，颅骨形似帐篷。他们身高在150～165厘米之间，脑容量达到900～1200毫升，因此，他们具备了开口说话的条件，但是还没有开始说话。他们以采摘和狩猎为生。

这是第一个离开非洲的人种。他们穿过苏伊士地峡抵达欧亚大陆，奔向约旦河。他们继续向东迁徙，在约旦河西岸，发现了葡萄树。

100万年前，直立人来到中国。在中国，他们发现了一种特别的植物，即后来变成水稻的“普通野生稻”（Oryza rufipogon）[122]。然后，他们（通过陆路）前往印度尼西亚并学会利用竹子。

同时，其他的直立人也在向欧洲迁徙。欧洲的气候已经变得更加温和，季节更替更加分明。他们的食物也在产生变化：植物吃得少了，肉类（大象、犀牛、熊）吃得多了；他们通常情况下会吃生肉，只有在发大火时会吃熟肉[28]。

也许跟之前的灵长类一样，直立人也吃人肉，在西班牙的阿尔塔米拉洞窟发现的那个时代的尸骨上，留下的抓纹和折痕让人认为有一些直立人是被其同类吃掉的。这种食人行为的文化意义要大于食物意义。可以相信的是，在大行进之前，这些直立人曾经通过这种方式从其他人身上获取能量。

在我看来，食人肉行为的出现属于早期人类在食物链上的一个重要的能量守恒定律。

在欧洲，距今70万年前，气候再次变冷，冻原和泰加林的面积在大量地区都扩大了[126]。在这些地区生活的直立人，为了抵御寒冷，不得不靠吃肉为主。他们生吃犀牛、野马、野牛、野鹿和驯鹿，有时候，也吃淡水鱼和海鲜[319]，他们还会吃同类的尸体。如果他们吃到熟肉，那只是因为某场大火烤熟了那些尸骨。

从生吃到熟食：边吃边储存

用火的出现似乎是在55万年前的中国[17]。在北京附近的周口店，人们发现了人工取火的现象，这些人被称为“北京人”，属于某种距今45万年的直立猿人。

火的利用带来了巨大的变化：食物变得更加容易消化，从而有助于脑容量的提高[101]，方便将有毒的植物变得可以食用。同时，有助于在某些气候更加寒冷的地区居住，可以吃到更加容易消化的饭菜，可以消灭病毒和细菌。最后，也有助于白天时间的延长，有助于在夜晚围着火堆聚集。火炉还可以促进交谈，促进语言的出现。

人们可以认为，至少在这个时期，食物与自然的关系变得仪式化。他们会通过观察星象来看何时狩猎、采摘和出行。他们开始懂得吃某些植物可以治病和康复。他们中出现了判断食物是否可吃的规则。或许，从这个时期开始，最强大的人，比如一群人或一个部落的首领，相当于最早期的祭司或萨满教神职人员，会要求人们遵守这些规则，以确保统领者们的食物充足。他们展现出了自身的浪费能力。在这个时期，男人们有可能吃得比孩子和女人们更好，但做饭依旧是女人们的事，可是在用餐时，女人们普遍还得跟男人们分开。

也许正因为此，社会中出现了所有权的概念：采摘到的东西，找到的东西，打猎得到的东西，烧煮的东西，等等，该归谁所有？而且可以肯定的是，这些具有所有权争议的东西后来变成语言的最早的符号出现了。

尼安德特人，最早的欧洲人：受到不公平诋毁的食肉者

在中国开始用火的10万年之后，在西伯利亚出现了人们所称的“杰尼索娃人”（Denisova hominin），人们对他们近乎一无所知，但是在这个时期，还出现了“尼安德特人”（Homo neander thalens）。

在当时，这是欧洲的唯一一个人属，而直立猿人已经消失。尼安德特人主要生活在寒冷的沙漠地区，他们可能是人族中最喜欢食肉的一种成员：其饮食结构有80%由肉构成（比如猛犸象、披毛犀、野鸽子和小猎物）[207]，20%由植物构成[320]。他们也懂得火和燧石的使用，这使得他们可以逐渐生产出用于打猎的新工具。这时的尼安德特人已经懂得使用木制长矛[323]，会捕捉海豚和海豹，甚至能够挖掘地窖来存放和储备食物。不过，他们还没有掌握语言[321]。

在泽西岛的圣 - 布雷拉德（距今25万年）和在比阿舍 - 圣 - 瓦斯特（加来海峡）的考古发现证明了尼安德特人已经在捕猎大型动物。距今12.5万年前，尼安德特人曾经将一根长达2.4米的木制长矛刺进了一头大象的身体，长矛是用“贝灵恩紫杉”做的。这也是尼安德特人主动捕猎大体型动物的最早痕迹[211]，当然这也还属于“遭遇型的捕猎”，并没有事先的计划，也没有追逐和搜寻的迹象[62]。

后来，尼安德特人可能离开了欧洲大陆。根据对生活在非洲大陆上的某个距今约27万年的原始人化石进行的基因分析，人们发现了直立人和尼

安德特人之间有杂交的痕迹，人们凭此猜测尼安德特人可能来到了非洲，但是这一点至今尚未被科学界确认，人们也猜测他们曾在阿拉伯半岛和尼罗河河谷一带生活过[322]。

智人（Homo sapiens），将食物变成交谈主题的人

最新的研究表明，智人出现于绿色撒哈拉地区（今天的摩洛哥），距今至少30万年。他们的脑容量比直立人要大（智人脑容量为1300~1500毫升，而后者是800~1000毫升）[101]；他们的牙齿和颌骨比直立人要小；他们的下巴没有那么突出了；他们的眉弓也缩小了[318]，[324]。

智人每天需要约12.5千焦的能量，蛋白质的消耗要比今天的人类多两倍。他们的饮食极其丰富（比如有蔬菜、水果、贝壳、野味，后来还有奶制品和谷物）。植物类在他们的进食中占了三分之二的量，这可以为他们提供脂类和碳水化合物。熟食可以帮助他们消除之前在肠道里进行的某些消化运动，减轻消化运动中的能量消耗并增加人脑的体积[101]。因为掌握了用火技能和拥有了丰富的食物，他们也可以更好地掌握语言了。

在找到食物的时候，智人不再是立马享用，而是在更有规律的时间里吃饭。做饭一般还是由女人们负责，除非需要做很大量的饭时，需要由男人来做饭。男人们狩猎时或徒手，或使用长矛和石斧。贝壳和甲壳被用来制作勺子、刀子和叉子。

智人可能在整个非洲大陆上已经定居了13万年，他们仅于距今17万年前才通过红海离开。虽然这些推定的年代还不是非常确定，但迄今为止，

我们已知的、最古老的非洲之外的智人是在17.7万年前的以色列发现的[429]。也许当时尼安德特人和智人之间已第一次相遇于尼罗河河谷或阿拉伯半岛。智人和尼安德特人之间或许发生过交战，他们之间继而也出现了“杂交”。

然后，尼安德特人消失了。最新发现的这个人种的化石属于公元前3.2万年，是在克罗地亚的凡迪亚发现的。人们尚无法得知他们消亡的原因：恶劣的气候条件？与智人之间的战争？与智人之间的杂交？肉类食物的匮乏？答案至今仍是个谜。

总之，在我们的基因图谱中，今天依然有1.6% ~ 3%的尼安德特人的基因。

吃遍全球

近8万年前（当时整个人类的人口还不到100万），智人从伊朗向印度和中国方向迁徙。他们将食物带到了这些地区，尤其是禾本科植物：带穗草（偃麦草，类似于今天的野草）、豇豆（菜豆和豌豆类），此外还有山药和某种葫芦科植物。在那个时代，人们在偶然碰上的情况下，也会吃数千种其他植物、动物和昆虫类食物。

在亚洲，智人遇到了所谓“杰尼索娃人”的另一个人种分支。“杰尼索娃人”是一种在亚洲出现已经有数十万年的直立人中的现代人。智人与“杰尼索娃人”进行了杂交。然后，“杰尼索娃人”就像在他们之前的尼安德特人那样消失了。这也许是因为某些极为神秘的原因，也许是因为智人具有某些高级的特征：比如脑容量更大，掌握了语言，更加懂得非姻亲关系的个体之间的合作[324]。

智人之所以能战胜其他人种，可能是由于相较于其他人种，智人吃了大量的有助于大脑发育的食物。

近距今 4 万年前，在亚洲，在旧石器时代中期结束之际，气候变得更加干燥，而且要寒冷很多[124]，[125]。这时的人类已经可以通过数种技术将肉类保存得更加长久了，比如在地洞里进行的冷冻、烟熏、腌制、风干、涂抹脂肪；有些食品可以储存起来做汤、做糊或饼；有些肉可以用木签串起来烤或者放在石头上烧[28]。

在距今 3 万年前，人类的生活出现了两个巨大的变化：中亚地区出现了最早的谷物种植；人类开始驯马（壁画上展示的配了马具的马证明了这一点）。但人类此时在一年的部分时间里，还是居无定所。

在距今 3 万年至 2 万年期间，还是在中亚地区，人类提高了狩猎手段。此时已经出现了投掷器[210]，投射距离可达近 100 米，猎人们也学会了使用陷阱，这些都让平原上的狩猎成效大增。在渔猎方面，他们会做鱼叉了。

即使智人懂得了种植谷物，他们还是选择继续迁徙和寻找食物。他们经西伯利亚穿过白令海峡，开始在美洲的历险。考古学家们在过去的很长时间里都将新墨西哥州的克洛维斯遗址视为人类在美洲出现的最古老的痕迹（公元前 1.35 万年左右），但是最新发现的一些遗址将人类在美洲出现的时间推定为距今 2 万年。

在同一个时期，因为狩猎活动的需要；几乎已经在整个地球上出现的智人开始不断地改善狩猎手段，由此便可以远距离地猎杀猛犸象、野牛、野猪等大型动物[62]。

人类数量增加了。全球从此有了数百万人口。他们不再满足于仅仅采集大自然所提供的食物，他们需要生产自己的食品。为此，人类开始定居了。因此，定居也是人口增长和食物需求的自然结果。智人不再是自然界的寄生物种，他们意欲成为自然界的主宰。

第二章

征服自然，享用自然

因为人口太多，以至于只靠采摘获得的果实已经无法满足需求，人类必须生产属于自己的食物。

在中东，为了种植而定居

大约在公元前1.2万年，当时的世界人口超过了300万。在当时的欧洲和中东地区，气温升高，猛犸象等大型哺乳动物开始朝北极和西伯利亚地区迁徙，在欧洲和中东地区留下来的是如鹿和兔等更小的动物。

在公元前1万年左右，数以千计的智人在中东的河流附近定居下来，比如底格里斯河和幼发拉底河。在这里，土地肥沃，森林里猎物众多，河水会定期溢出河床，河流里鱼类丰富。此时人类的奔波减少，更多的奔波只是为了找到食物。人类开始种植8种农业领域里的开创性植物：二粒小麦（麦子的祖先）、单粒小麦、普通大麦、小扁豆、鹰嘴豆、豌豆、杂交扁豆、亚麻。接着，人类开始种植胡萝卜和婆罗门参。

但是，人类并没有放弃食物采集活动，更何况这种活动因为有了经过打磨的石器，采集手段已经大大改进。在海边，拜新的渔猎技术（出现了最早的船只，可以出海捕鱼[11]）所赐，人类吃上了甲壳类动物、软体动物和鱼类。在公元前1万年左右[36]，智人也成了最早开始驯养动物的人类，其中主要是驯养狗的祖先。

农业和养殖业的发展也同样带来了思想观念上的变化：土地被视为供养者并成了感恩的对象。还有对繁殖认知的变化，在壁画艺术中，大部分表现对象是女性诸神，其中最重要的一幅壁画所描绘的是一位在喂奶的女王[4]。

和之前的群体相比，这些群体变得更加的不平等，这一点从其丧葬中即可以看出[198]。定居生活促进了各种财富的积累：农场、土地、牲畜、孩子、丰收。居住区里最强大的成员开始聚集在了一起，正如饭局可以提供话语交流和自我表现的机会，遂出现了强者的聚餐，这种聚餐也成了后来的宴会的起源。富人们在一起交谈，以此来显示和维护某种权力[4]。

公元前1万年左右，人类对谷物优种的挑选（通过优质野生麦和优质种植麦之间的杂交）催生了我们今天所熟悉的软粒小麦。人们甚至发现在这个时代已有面包制作的早期迹象，但是，酵母尚未出现[114]。

人类中某一部分的食物变得更加的丰富，其中包括：植物、鱼、软体动物、鸟、鹿、野猪、狍子、昆虫、藻类[4]，[28]。

人类吃饭的时间，根据昼夜交替的情况也变得越来越固定。

人类制造的弓箭用于打猎和战争，亦即用来获取食物和征服敌人。在丹麦、德国和瑞典[78]，人们都发现了那个时代的弓箭。在当今西班牙境内看到的公元前1万年的岩画上，也有类似的发现[90]。

在当今伊朗境内的扎格罗斯山地区，人们发现了公元前1万年左右人类饲养山羊的最早迹象。这说明此时的养殖业已经作为定居者的一种发明出现。

在同一时期，小亚细亚东南部地区出现了啤酒（将大麦糊置于露天状态制成）。而后，人类开始种植葡萄，最早期的葡萄酒制作可在公元前5400年左右的伊朗陶瓷上面得到证实。

最后，人类从富足的游牧社会进入了相对短缺的定居社会。人类的免疫系统不得不去适应新的营养短缺，新的病菌和疾病也开始出现[28]。

总体而言，在中东地区，智人在过上定居生活的同时，他们的平均寿命却缩短了约10年。

气象、天文、星相：从依靠老天到指望收成

在公元前1万年左右，有些家庭定居下来并更加持久地在他们埋葬逝者的地方生活。他们跟过去的联系由此更加富有含义，先人们可以变成大师、保护者。

在一些土地肥沃的地区的田地周围开始形成最早的村庄。可能就是在这些村庄里，出现了土地所有权的概念，不过，这种土地所有权概念此时仅关乎墓地而已。在出于对食物的需求而产生的定居和同一时期出现的各种早期宗教之间，或许存在某种关联，但是迄今为止，我们对这种早期宗教依然知之甚少。

比如，要确定播种的时间，就必须知晓各种季节和河流涨水的日期。这是天文学家的任务，也是气象学家、星相学家和祭司的任务。

再比如，人们开始安排储备食物的存放，这种存放比游牧人能够捎带

的食物的存放要重要很多。于是，女人、田地、牲畜和储备食物，都有遭受游牧人抢劫的危险。为了保护这些资源，各个村庄不得不组织起来进行防卫，为此就需要有武器，而且是尽可能专业的武器。

在所有的神庙中，排在最高处的三尊神是：武器之神、食物之神、权力之神。其中，权力之神所要操心的事情最少。

在欧洲，吃人肉的行为依旧存在

在欧洲，在公元前 9000 年至公元前 6000 年之间，气候稳定，森林面积扩大，狩猎和采摘活动有了改善。小麦起初是野生的，继而被种植和培育，在公元前 8000 年左右用来储存小麦的陶器出现之后[198]，小麦的种植又被推上了一个台阶。也许就是在这个时期，人们也开始制作一种混合物，不久之后，这种混合物就变成了酵母。

大约在公元前 5000 年，地球上的人口超过了 1000 万。人类已经在种植谷类和豆科（主要是小麦、黑麦、豌豆），饲养动物（猪、牛、羊）。但这些肉和谷物仅仅是作为补充食物，只供最富有的人享用。野生资源还是人类食物的主要来源。

公元前 4700 年左右，一场气候危机令中欧一带的气温再次降低，吃人肉现象再次发生。在德国的赫尔斯科海姆，人们发现了这个时期的遗址，在超过 5 公顷的区域里，人们找到了动物残骸、陶器（有部分来自很远的地区，甚至是来自 450 公里之外的地区）、石器工具，还有数千块人类遗骨，这些碎骨来自至少 500 个人。这些人应该是来自边远地区，他们的遗骨上带有被肢解和被咬伤的痕迹，仿佛在此曾发生过一场有组织的残害行为，其中的受害者，不论是被迫还是自愿，可能是为了避免这场危机并阻止世界末日的到来，被牺牲并被吃掉了[123]。

在其他地方，继小麦之后出现了水稻

在公元前1万年左右的亚洲，陶瓷首先出现了。陶瓷的出现源自两种饮食方面的需求：储存谷物的需要；喝粥者增多后对容器的要求。在中国，人们开始为了食用而饲养猪、狗、鸡。那里的人也在食用昆虫和藻类。

在大约公元前1万年至公元前7000年之间，水稻种植在印度和中国开启（这两个起源地各自独立，彼此之间并无联系）。游牧者将之推广到了整个东南亚地区，然后，水稻种植又流传到了日本、韩国、菲律宾和印度尼西亚[122]。

根据考察，公元前7000年左右在中国已经出现半定居的家庭，他们在北方的黄河流域和南方的长江流域既从事农业，也从事饲养业。

那个时期的亚洲人既吃肉（猪肉、鸡肉和狗肉）、植物（莲藕、菱角、棕榈……），也食用稻米。人们也已经开始制作陶瓷汤勺。与此同时，文字的最初符号已经开始出现，只是仍然还极为简单[308]。

在中国河南的贾湖遗址，人们发现了公元前7000年左右出现的、最早的人工控制发酵的饮料痕迹：野生葡萄、山楂果、大米和蜂蜜的残留物。当人类想把淀粉转化成糖分并启动发酵的时候，或许会用嘴来嚼碎这些粮食，却不知道在口水中含有的某种特别的酶会促进发酵。

在距今 6000 年前，部分人群从当今伊朗境内的扎格罗斯山脉（此地的山羊饲养要更早一点）来到印度。他们将农业和饲养业带到了印度。在青铜器时代初期，他们跟这块陆地的早期居民一起创造了印度河流域的哈拉帕文明。

公元前 4500 年左右，一种小种马在北高加索地区被驯化，并在中国、阿拉伯半岛和欧亚大陆得到普及，这类种马跟之前的“马类”（des Equus caballus）不同，更接近于今天的挽马。大致在公元前 2000 年，亚洲人开始骑这种马，从而给这些民族的组织带来了革命性的变化，从此以后，他们可以用马来运输重物，从事远距离贸易，也可以在马上狩猎和征战。

在世界的其他地区，比如在非洲赤道地区、在美洲和亚洲，狩猎和采摘活动足以养活这些散乱的人群。人类统治这些动植物和发展农业的需求，就变得更加缓慢。非洲水稻（Oryza glaberrima）的种植约于公元前 4000 年在尼日尔河三角洲和马里等地出现。

在南美洲，野生土豆在公元前 1 万年左右出现，狩猎者和采摘者的土豆种植则从公元前 8000 年开始（主要是在安第斯山脉的秘鲁和玻利维亚）[214]。土豆属于在这种恶劣气候条件下仍可能生长的少有的农作物之一。从公元前 1.3 万年开始，南瓜也开始在秘鲁种植。同样在这个时期，在安第斯山和墨西哥，人们也种植玉米[218]，[219]、四季豆、牛油果，也饲养狗、豚鼠和羊驼。接着，人们开发了棉花和烟草的种植。辣椒出现在美洲人的饮食之中至少已经有 9000 年了。公元前 8000 年左右，玉米在墨西哥出现并被美洲印第安人种植。四季豆在南美洲的种植，差不多是从大约公元前 6000 年开始的。可可首次出现在饮食中则是在公元前 2600 年左右，当时还属于奥尔梅克文明时期。玛雅人（约于公元前 2600 年出现）从公元前 1000 年开始用可可豆做汤，将可可豆作为交换货币和记账单位，或者用于宗教仪式，甚至用于治病[220]。

但若想养活越来越多的人类，就需要生产越来越多的食物。而这一切都要求产生一种新的组织形式：帝国。

在美索不达米亚地区：早期的谷物，早期的帝国

人们发现，在公元前数千年，美索不达米亚地区的人已经开始有组织地生活。他们种植数千种最基本的植物并创造了上千种重要发明：大约在公元前 3500 年（此时世界人口已经超过 3000 万），他们会制作实心木头轮子、带轮车子和最早的整套文字，这种文字就是楔形文字[309]。

在当时的美索不达米亚地区，饮食、语言和文字同步发展。

公元前 6000 年左右，为了尽可能地防止洪涝灾害并生产更多的产品，美索不达米亚的农民学会筑坝并建造灌溉水渠。要想做好这种事情，他们必须聚集起来形成更大的群体，由此很快就形成了帝国，因而，帝国首先是源于对食物的需求。于是他们能够发展农业生产，种植起大麦、单粒麦、高卢麦、二粒小麦和小米，而农业生产的本质，就是要养活更多的人群。他们还能够管理多余的粮食，集中财富，给军队拨款和拨粮。

在失去影响并重新变成普通的城市之前，有几座城市先后成为这些帝国的首都：从公元前 2340 年至公元前 2200 年，萨尔贡建立的城邦阿卡德征服了其他王国并创建了一个帝国。近公元前 2200 年，萨尔贡的继承者被入侵的库提人打垮，阿卡德帝国分裂成了数个小王国。先是被古迪亚王朝统治，

古迪亚是位于美索不达米亚最南端的拉格什城邦的君主。后来，从公元前 2110 年至公元前 2005 年，乌尔纳姆创建的乌尔王朝统治着周围的城邦。从公元前 2005 年至公元前 1595 年，数个阿摩利人的王国（其中包括古巴比伦王国）相继统治这个地区。接着轮到南部的伊辛王国和拉尔萨王国统治。从公元前 1792 年至公元前 1750 年，汉谟拉比统治巴比伦王国并将其影响扩大到了北方地区。在公元前 1595 年，在赫梯帝国的打击下，巴比伦王国溃亡[15]，[59]。

如同此前时期或是其他地方一样，这些帝国的首脑属于那些有能力养活其民众的人。他们越是有能力养活更多的人，就越是强大。

在穷人家里，面包（尚未发酵）是最基本的食物（在当时，面包和食物还具有相同的含意）。当时的面包种类可以达到 200 种，其配料有蜂蜜、香料和水果。

最富有的美索不达米亚人吃猪肉，配料有大蒜、洋葱和小葱，以及水果（苹果、无花果、葡萄、大枣）[327]。

他们也吃鹿肉、羔羊肉、禽肉、河鱼、鸵鸟蛋、蘑菇、蔬菜、开心果、蜂蜜糕点。

在公元前第二个千年期间（即公元前 1999 年 ~ 公元前 1000 年期间），他们开始喝酒了，主要是喝啤酒，这是用椰枣和大麦做出的一种发酵混合物。对于古巴比伦人来说，酒甚至变成了在《吉尔伽美什史诗》中描述的一种仪式用品。在距今 3400 年前的叙利亚北部的泰勒·巴兹遗址，每户家庭都拥有一个“啤酒小作坊”。一些陶制土瓮里（200 升）保留着草酸盐的痕迹，这是大麦掺水之后产生的化学沉淀物[81]。

最初的宴会：为了更好地统治而交谈

我们已经看到，食物与语言的诞生有着不可分割的联系。食物是谈话时的主题，而用餐是一个交谈的机会。一边分享食物一边说话也是一种和平的征兆。与之相反，拒绝分享某种食物，在这些社会里则会被视作某种敌对的标志，或者是有下毒企图的迹象。

就是在美索不达米亚地区，人们开始发现了可以证明这些人重视共同进餐的文字记录，也许，这种重视早已存在了很长时间。

在帝国变得更加明显可见的时候，食物与语言之间的关联也同样变得更为清晰。很久之后才被称为“宴会”（banquet 一词源于客人们所坐的凳子 banc）的某些聚餐，变成了社会组织的重要场所。在这些地方，食物仅仅是对另有用意的关键内容的某种支撑。

厨师会在厨房里准备这些大餐。我们可以猜想，负责这些重要聚餐的厨师（大厨）肯定要指挥一班人马。通常情况下，厨师是由男子来担任的。

由此，专门化的职业应运而生：有的人成了神殿里的专职人员；有的人成了大餐准备过程中各个方面所需的专门人员。

最初的宴会首先是供奉用院子围起来的某个主神的塑像。在公元前第三个千年之初（即公元前 2999 年 ~ 公元前 2000 年期间），在苏美尔地区，每天要给庙里的神供奉四顿饭：日间大餐、日间小餐、晚间大餐、晚间小餐。

在古巴比伦的宇宙起源说中，这种盛宴用来任命要去征服海神提亚马特的英雄：“在安萨尔面前，他们走了进来，在筵席前入座，吃起谷物食品，喝起浓啤和淡啤，酒杯里倒满了酒。”《吉尔伽美什史诗》里如此写道[28]。

君主们也会组织只有人参加的宴会。这种宴会的安排会模仿为神举行的宴会的套路。宴会或是用来庆祝军事胜利，或是用来庆贺某座神庙或某座新宫殿的落成，抑或是用来感谢那些为他们带来福祉的人[28]。在这些宴会中，厨房必须非常宽敞，并且由男人在里面指挥。客人席地而坐，只有得到国王赏赐的人方能跟国王一样享有椅子[4]。宾客根据级别和地位排座，使节们则根据国别来排座。首先是给国王上菜，如果国王想特意给某位客人一点恩宠，就会将上给自己的一道菜让给这位客人。宴会上，有音乐、杂耍、滑稽表演助兴。宴会上，大家可以无所不聊，只要是不惹国王反感的内容均可。

这种盛宴的规模巨大。在公元前 9 世纪中期，在当今的伊拉克北部，为了庆祝卡拉赫宫（le Palais de Kalhu）的完工，国王亚述纳西尔帕二世（亚述国王，通过征战统一了整个美索不达米亚地区，公元前 883 年至公元前 859 年在世）设宴 10 天，宴请的宾客多达 69574 人。宴会消耗了 1.4 万只绵羊、1000 头牛、1000 只羔羊、2 万只鸽子、1 万个鸡蛋和 1 万只跳鼠[4]，[330]。我们不妨好好地来想象一下这类厨房和食材采购的后勤组织！

更加常见的是，普通家庭出身的美索不达米亚人也会设宴来庆祝诸如此类的事情：一场婚礼、一桩不动产交易的约定、一艘船的出租、一份和平协定、一场结盟。这种宴会将方便大家有时间当着见证者进行讨论和总结[28]。

在公元前第二个千年（即公元前 1999 年～公元前 1000 年期间），美索不达米亚人是最早开始撰写菜谱的人。同样是在这个地区，出现了最早的客栈，客栈里提供来自周围菜园的食物和枣子发酵而成的啤酒。类似客栈在写于公元前1760年左右的《汉谟拉比法典》中曾被提及。

起源于新几内亚的甘蔗传入了西方。公元前6世纪末，大流士一世时期的波斯人在印度河流域的远征中发现了甘蔗，并将其形容为“无须求助于蜜蜂就能产蜜的芦苇”。

在其后的数千年里，糖依然是一种极为稀缺和昂贵的产品。

在这些美索不达米亚帝国中，有一些帝国跟亚述人一样，还存在吃人肉的情况，吃掉一个敌人的躯体意味着得以灭掉敌人的灵魂。而在饥荒时期，也有人在吃身边人的肉。

在中国，最早的营养学

在中国，如同在美索不达米亚地区那样，也是在大河流域，人类尽可能多地利用河流的冲积土地来定居。为了尽可能地预防洪灾并养活不断增多的人群，他们建造了堤坝，而他们的建造堤坝之举，跟在美索不达米亚一样，需要这些村庄聚集成更大的群体，最后变成帝国。

根据传说，中国的农业发展从公元前2800年左右以三位传说中的人物开始。第一位称为神农，他发明了农业，造出了煮食物用的最早的陶器。第二个叫黄帝，他发明了谷物的蒸煮方法（大米和小米），属于第一个通过晾晒海水获取食盐的人。而第三位后稷则是传说中的司农之神，他以大米和小米为原料开发出了最早的含酒精饮料。

虚构成分更少的史实是，人们在中国发现，在公元前第二个千年期间（即公元前 1999 年～公元前 1000 年期间）即有用动物骨头做出来的汤勺，它们主要用来吃米饭。筷子的出现是在公元前 13 世纪左右，它们先是用来做饭，然后在公元前 3 世纪左右变成了主要的餐具。茶叶出现于公元前 3 世纪。在中国的虚构故事中，一些传说将茶叶出现的时间定在公元前 2737 年[430]。

周姓贵族（他们在公元前 1046 年至公元前 256 年统治着中国的部分地区）直接在地上吃饭，人坐在席子上，饭菜摆在地上，器皿由一个底座或脚架支撑（三足器皿），碗盆主要用青铜铸造[403]。上菜顺序是鱼、肉（烤羊羔、烧猪肉）、蔬菜，同时有大量调料，最后上的是谷物类（通常是蒸煮出来的）。《礼记》主张将汤类（酒和汤）摆于客人右手边，菜类则要摆于客人的左手边。最后，无论是食物的新鲜程度还是主人切分食物的方式均至关重要，这表明了主人对客人的尊敬程度。

至于其他民众，在那个时代，食物似乎根据性别差异而有所不同。男人会吃很多肉，女人的食物则以小麦、大麦和豆类为主。女人能吃的这些食物在当时被视为低端一点的食品。对周朝的遗骨进行的研究表明，女人们的营养不良情况要比男人们严重[408]。

事实上，中国在公元前 221 年被秦始皇统一之前还不能称为帝国。秦始皇属于中国的第一个皇帝，这是真实存在的一个皇帝，尽管这个“王朝”只有创建者和其儿子两任皇帝，在公元前 206 年就终结了。随后是汉朝，汉朝存在于公元前 206 年至公元 220 年。汉朝的持续有赖于新的武器：复合材料的角弓、青铜箭头、马镫和早期的铁斧。

在汉朝，人们吃的是煮出来的谷物、大米、蔬菜、肥肉。在公元前 2 世纪的某个汉帝的墓中，人们发现了茶叶。一篇于公元前 59 年写的文章详述了茶叶采摘的情况。

在汉朝，中国就明显将食物与健康联系在了一起。在公元前 3 世纪初，一个叫邹衍的人创立了五行学说（金、木、水、火、土）[50]，[86]。这个学说认为，宇宙万物均由这五样东西构成。在人体器官中也能够找到它们。因此，肝为木，温热；心为火，燥热；胃为土，潮湿。中医也根据阴和阳来区分食品。“热的”和“温的”食品为阳，而寒的、酸的、苦的或咸的食品为阴。一道精致的菜肴必须永远要均衡阴和阳，治疗高烧（热病），则建议吃寒的食品。在同一个时代，医生张仲景将这些都收入了其专论《金匮要略》，比如，该书劝诫道：在吃肥肉并喝粥时切勿喝凉水。“一切所喝或所吃当满足口味并对健康有益。然而，食物也可能带来损害，难道避免有害食物不比吃药更好吗[50]？”

在印度，素食主义的开端

在印度，公元前 2000 年，来自当今哈萨克斯坦一带的第二次移民潮带来了梵文、马匹和祭品。这场移民潮形成了印度文化和吠陀文化的基石。在公元前 600 年至公元前 500 年期间，随着耆那教的发展，素食主义在印度河流域也开始流行起来。耆那教是一种以非暴力（Ahimsa）原则为基础建立的宗教。非暴力原则指的是对所有生物（包括昆虫和植物）采取尊重和非暴力的态度。要遵守这个原则，耆那教教徒不能吃肉也不能吃鱼、蛋或蜂蜜，不吃有很多籽的水果，也不吃需要除根的蔬菜，以防止伤害细微的生命[409]。他们喝奶，条件是挤奶也要尊重动物且至少要将三分之一的奶量留给动物的小崽[77]。

阿育吠陀(Ayurveda),按照词源意指“生命的科学”,目的是要实现自我,依托自我治疗达到和谐状态。吠陀是印度教文献的汇集，阿育吠陀的教导取自吠陀。优选的食品是“悦性食物”(sattvique,源自sattva这个词,意指“生存、现实、自然、智慧、意识、真相、平衡”），包括水果、蔬菜、奶制品、坚果、籽仁、蜂蜜、草类。避免的食品有“变性食物”（rajasique，刺激性食物，如调料、香料、咖啡、鱼）和“惰性食物”（tamasique，麻痹性的，如肉类）。要求做饭的环境安静祥和，讲究厨艺质量。因为厨艺容易受到掌勺者的情绪和注意力的影响，所以被认为“惰性”过强的其他食物则被禁用。跟许多其他的思考方式一样，在这种想法中，节制属于品德之母。在后来用梵文写的瑜伽教材《哈他之光》（*hatha pradipika*）一书中，“节制性饮食”由“愉悦的”和“清淡的”食物构成。胃的一半用于接收食物，四分之一用于接收水，最后的四分之一必须留空。某些食物(大蒜、油、酒精、香料、芥末、鱼和肉)因被认为会提升身体的温度而被劝诫弃食。苦、酸、咸这些味道应当避免。相反，谷物类、糖类、蜂蜜、绿叶菜和干姜受到推崇，不过都得要适量。而且，所有食物应当与牛奶或黄油混食，因为这两样东西有利于身体发育,尤其有利于血液、骨头、脊髓和精子的活动[77]。我们可以确信的是,在这一类的早期文明中,人类已经在寻找食物和性之间、性欲和食物之间的某种关联。

近公元前5世纪，在印度，佛教诞生了。佛教禁止食用任何肉类。尤其是母牛不能被食用，因为母牛是给它自己的小牛崽和人类孩子带来乳汁的宇宙之母。

汉传佛教和藏传佛教对吃素的要求更加严格。日本佛教允许有节制地吃肉，但是禁止吃大象、老虎、豹子和狗的肉。

中美洲帝国，一直以自己的方式生活

在北美洲西南部（当今美国的科罗拉多州、犹他州和亚利桑那州……），可能在公元前2000年之前就已经有人居住，这些人后来被称为阿那萨吉人，再后来被称为霍皮族人，他们通过西伯利亚来到这个地区。他们定居在干旱的山区里，建立起了一种狩猎和采摘文化，然后是在普韦布洛的有组织的农耕文化。他们的岩石壁画显示，狩猎在他们的饮食中占有极为重要的位置。玉米、菜豆、葫芦是他们种植的主要作物，为此他们开发了一种极为复杂的灌溉系统。他们的宇宙起源说甚为复杂，完全建立在农业和动物、水和风的基础之上，后来催生了所有美洲印第安人的宇宙起源说。

在中美洲，近公元前2500年，受到阿那萨吉人启发的奥尔梅克文明是其他各种文明的源头，位于墨西哥湾沿海、墨西哥盆地和太平洋沿海。奥尔梅克文明根据肥沃的土地、水和风创建了自己的神话。美洲豹代表了土地和生命力；蛇代表水、雨和江河；鹰代表风。美洲印第安人的基本食物是土豆，当时在这个地区已经有数百种不同的土豆，人们将这些块茎类通过水煮或做汤食用。玉米也是一种基本的食料，并被视为是一种高档的食物，人们也在用玉米做面包。

在埃及：吃与说是一回事

在埃及，如同在美索不达米亚和中国一样，定居生活是从河流边上开始的。近公元前 8000 年[205]，在尼罗河极为肥沃的河岸上，来自非洲其他地区和中东地区的人类定居了下来，他们种植小麦、大麦、果树、洋葱、大蒜或大葱等。

埃及人很快就发现，在尼罗河涨水的第一天，天狼星（Sothis）是跟太阳同时升起的。这颗在今天被称为“Sirius”的星星是大犬星座中最大的一颗，从地球上看，这是继太阳之后最亮的一颗星[281]。人们将一年中的第一天定在天狼星同太阳一道升起的这一天。在很长的时期里，天文学、星相学、气象学都是相互掺杂在一起的。

至公元前第五个千年（即公元前 4999 年 ~ 公元前 4000 年期间），埃及的农历年切分为三个季节：泛滥季（akhet，尼罗河涨水期）、耕种季（peret，播种和成长期）、收获季（chemou，收成期）[281]。

至公元前第四个千年（即公元前 3999 年 ~ 公元前 3000 年期间），埃及人仅以独立村庄的组织形式存在[205]。他们焚烧森林，以便用其灰烬作为农作物的肥料。

埃及人是最早开始用植物油来烧菜做饭的人[28]，更是最早发明了发酵面包的人。他们不像现代美索不达米亚文明中那样只是用煮的方式。这是一种了不起的革命，这种营养丰富的饭菜伴随着埃及人对尼罗河流域其他人民的统治而成了主流饭菜。

每个村庄的食物取决于每年的收成，而且还要受到游荡者盗抢的威胁。村庄首领们似乎对确保每个村民拥有足够食物的重要性非常关注。公元前

3000 年的一个文字记录者普塔荷太普曾经写道："饿肚子者是潜在的控诉者[28]。"跟美索不达米亚人一样，埃及人也建造堤坝来防范洪水。

埃及的第一个帝国，即所谓的"旧帝国"，存在于公元前 2600 年至公元前 2200 年。人们将吉萨高原的金字塔建筑归功于这个帝国时期。人们在金字塔内供奉祭品让死者继续享用。比如，在萨卡拉金字塔一个女人的墓内，人们发现了大麦面包、奶酪和鱼[28]。从公元前 2500 年起，埃及人发明了摆杆步犁。摆杆布犁属于犁的早期形状。与此同时，埃及人还发明了仓库。

约公元前 2200 年，因为没能控制住尼罗河的洪水，导致收成减少并引发了起义。法老罕提（公元前 2160 年）告诫其子美里卡拉："一个穷人可能会变成一个敌人，一个处于贫困中的人可能会变成一个叛乱者。我们要用食物来平息这些叛乱的人。民众一旦不满，就得将他们引向粮仓[28]。""旧帝国"最后解体为一系列独立的诸侯国。

约公元前 1550 年，在整个埃及土地上，成立了一个能够解决民众温饱的"新帝国"[205]。新的帝国以法老阿摩西斯一世开始，然后是埃赫那吞、图坦卡蒙、拉美西斯家族。人们根据墓穴里发现的东西了解到了他们的食物，在公元前 1400 年的一个帝王墓里装满了面包、酒、面粉、乳制品和腌肉。

至公元前 14 世纪，在拉美西斯二世的第 13 个儿子麦伦普塔赫的墓里，人们发现了大量表现鱼和鸭的壁画。而且，在其祭庙里，有一副壁画是庆祝法老战胜地中海东岸地区和迦南的人民的内容[61]。

麦伦普塔赫死后，在这个法老的子女之间爆发了一场同胞相残的战争。这场战争导致了政权被人推翻。一个新的王朝随之诞生，在公元前 1183 年至公元前 1152 年由拉美西斯三世统治。在其统治期间，在地中海盆地的北部和东部地区，气候问题引起了农业危机，导致一股可观的移民潮经过安那托利亚和黎凡特涌向埃及。

当时，这些被称为“海上民族”[11]的移民带着武器和家小大量涌入埃及，对尼罗河三角洲发起了攻击。劳动者举行罢工，要求得到更多的给养。“新帝国”由此走到了尽头，直至千年之后，才重新被纳入到了罗马人的势力范围[204]。

在公元前第一个千年（即公元前 999 年 ~ 公元元年期间），埃及的贵族们坐在座位上或跪坐在桌子周围的垫子上吃饭。后来，人们在腓尼基人、希腊人和罗马人那里看到的这种做法即发源于此，或许，这些人曾经在埃及看到过类似场景。

在公元前的两千年里（即公元前 1999 年 ~ 公元元年期间），埃及富人们的饮食是非常多样的：牛肉、羊肉和野味属于吃得最多的肉类。他们也吃鹅、鸭、鹌鹑，吃河里捕来的鱼。他们开始从叙利亚和塞浦路斯进口食用油，并从迦南（Judée）进口葡萄酒。在当时埃及人的菜谱中，还可以发现藏红花（《爱柏氏纸草纪事》[434]中曾有提及。该书是当今举世闻名的最古老的医学论著之一，写于公元前 16 世纪至公元前 15 世纪之间）。其中有些食物，比如海鲜、藏红花、胡椒等，已经以其具有壮阳功能被埃及富人们所熟知。

埃及的富人们认为，丰富的食物是保持身体健康的最佳手段，他们在每道菜上来之前都洗手。他们使用象牙或板岩汤勺，其中有些汤勺雕刻了宗教图案。

穷人们则仅满足于谷物和蔬菜，这导致他们连基本的营养都缺乏，尤其是在蛋白质方面更是如此。还有，比如洪水过猛或干旱过于严重时，农民都会遇上数不胜数的饥荒。当时，埃及穷人的平均寿命不超过 30 岁。

食物与语言的关联更为清晰，根据英国埃及学家加德纳对埃及文字的研究，象形文字中的“A2”，代表一个手放在嘴里的坐着的男人，其意思同时可指“吃、喝、说话、闭口、思考、爱、恨”，具体根据放在一起的其他符号的位置变化[31]。没有比这更能清晰地呈现食物与语言的关系的了。

撒哈拉沙漠以南的非洲地区：丰富的自然资源推迟了帝国的诞生

在距今 3000 年前，撒哈拉沙漠以南非洲地区的饮食在不同地区迥异。除了颇尔人（les Peuls）、马塞人（les Massai）以及其他几个稀少的人种，非洲人实际上都已经定居了下来。他们所到之处，食物都很充足，且可轻易获取。

非洲人种植的谷物类主要是高粱（源自埃塞俄比亚）和小米（常常被当作高粱，在萨赫勒一带种植至少已经有 2000 年）。这些谷物常常被磨成糊或粉，用来做饼和粥。同时，在西非和中非等地区，还有一批特种水稻（Oryza glaberrima，即非洲型稻）。

非洲人吃的蔬菜主要是巴姆巴拉豆和奶牛豌豆，同时还有直接从树（比如猴面包树）上摘来的“树叶菜”。

育亨宾树等的树皮在当时因有壮阳功能而在西非被人熟知。

源自撒哈拉沙漠的牛和羊，因为沙漠地区的干燥，开始逐渐向南方迁徙。在西非，人们吃牛肉和羊肉。在森林地区，人们吃的肉类主要是野味：羚羊、各种猴子、野兔、松鼠。抗寄生虫更强的家禽，特别是鸡，也是食物，而且具有更加重要的象征意义：鸡被用在大量的非洲仪式中[333]。

人们很少食用奶制品，除了非洲极少数的游牧民族，比如西部的颇尔人和东部的马萨伊人，他们会喝瘤牛和奶牛的奶。在这些人当中，比如颇尔人，会根据寄生虫确立禁食的食物。各地的人还吃某些昆虫。

人们喝棕榈酒（通过棕榈树树汁发酵而成，口味接近苹果酒）和小米啤酒[333]。

正因为一切都比较充足，就没有了应对短缺的必要。也因此没有构建起帝国的必要了。

希腊：吃饭为了理政

在希腊神话中，也有一大部分叙事跟食物相关，而且首先是跟食人肉有关。泰坦诸神之王克洛诺斯吞食了自己的儿女；荷马的《奥德赛》中亦有叙述吃人肉的情景[28]。这些叙述也有很大一部分属于交谈的内容，而交谈才是聚餐的真正理由。

根据神话，在最早的时候，诸神是在一起用餐的。他们既不喝酒也不吃人间食物。他们喝的是琼浆玉液，吃的是神的食物（可能是野生蜂蜜），他们也用它们来涂抹他们想保护的死者的身体（比如阿佛洛狄忒和赫克托尔）。

在最古老的时期，神话中说道，诸神有时候也跟人类一起用餐。诸神并不是这些人类的造物主，人类的命运让他们觉得很好奇[28]。

直到有一天，一个叫普罗米修斯的神（某位叫伊阿珀托斯的泰坦神的儿子）将献祭猎物中最好的部分给了人类并欺骗了宙斯，令宙斯选择裹了诱人油脂的骨头。受到侮辱的宙斯决定惩罚人类，剥夺了人类的火种，这导致需要的烤肉祭品再也无法准备。于是，普罗米修斯偷取了火种并将之还给了人类。因此，宙斯要报复人类，遂派出了第一个女人潘多拉，让她打开一个带双耳的瓮，释放出了人间的各种不幸（死亡、疾病、劳作……），同时，他将普罗米修斯绑在高加索的一块岩石上，有只老鹰会每天来啄食其肝脏[143]。

从此，人类被剥夺了诸神的食物。希腊人只能自己吃饭并只能在人类之间交谈。在真实的生活中，就跟其他的文明一样，希腊人也将饭局视为权力之场。

在其最古老的组织中，即公元前 8 世纪的克里特和斯巴达之类的城邦中，我们可以重新看到美索不达米亚和埃及那里的掌权者的宴会传统。不过在这里的情况是，所有公民（在最富有的家庭中自行推选出来的）必须一起用餐，而且他们得通过这种聚餐来解决城邦的问题。若想加入这些聚餐，每个人必须提供 39 升葡萄酒，3 公斤奶酪，还有无花果和大麦。显然，这种条件意味着可以加入者只限于最有钱的人。在斯巴达，这些宴会是每天举行而且是非参加不可的。年轻人也逐渐地得到邀请，以便他们能够完全融入领导团队当中[4]。

后来，这种制度有所松懈。公民的共同用餐不再每天举行了。在当时的雅典，只有 50 位执政官（选自在一年的十分之一时间里代表城邦的 500 位立法会议成员）以全体公民代表的身份每天共进午餐，聚餐地点是在古希腊集会广场毗邻的圆形建筑里。在公元前 5 世纪，雅典的某些政治人物（西门、尼西亚斯、阿尔西比亚德斯）开创了新的邀请，即邀请所有或部分公民参加这些宴会，甚至是不属于公民的自由人。

这些聚餐一般由女人烧饭做菜，不过得由祭司指挥。在餐间，客人座位排成长方形，坐在无靠背和扶手的长沙发上，沙发前面是可移动的餐桌。客人的肘间有靠垫，用手指取食物吃饭，客人们每个人一张餐桌。跟之前的社会一样，这种宴会属于交流好客之意和交换感情（以醉酒为中心）的时刻[1]。

所有宴会都以献祭开始，目的是要修复被打断的跟诸神之间的关系。献祭时会由屠夫（boutopos）杀一只或数只动物（从公鸡到牛均有），然后将动物之血洒向天空（亦即献给神），再撒向地面（为了净化这些人的心灵）。在献祭仪式之后，宴会分为两段时间。首先是吃饭（deipnon）和交流的时间，然后则是喝酒（symposion）的时间，酒是掺了水的[1]。希腊人将醉酒分为三个阶段：第一个阶段是畅所欲言；第二个阶段是神志清醒；第三个阶段是醉酒状态，这种状态被认为是具有创造性的状态，且只有 40 岁以上男性才可达此状态，18 岁以下的年轻人不得喝酒[4]。

在贫困家庭里，女人负责在就餐时提供服务。而在富有家庭里，女人可以上桌吃饭，但不能开口说话，奴隶们承担就餐时所需的服务。生活在富有家庭里的女人有时候可让一些孩子充当帮手。希腊人使用木制汤勺，特别是用它来吃鸡蛋。

谷物类（小麦、大麦、高卢麦）在热量摄入的总量中占了 80%。小麦面包、葡萄酒、橄榄油和奶酪（奶凝结之后用无花果枝搅拌而得），都被视为富人专享的高档食品。面包放在一个泥炉里烘烤。大麦也被用来制作面包（主要是提供给军队），配蜂蜜和奶酪。面包属于一种能够自己生产资源的社会的象征，属于定居生活，即完全不同于游牧的蛮族的象征。在《荷马史诗》的语言中，“吃面包的人”，是文明人，亦即希腊人的同义词[4]。

公元前5世纪，肉和水果主要还是用来献祭，作为给神的贡品[4]。动物主要被当作一种生产的手段来利用，饲养绵羊是为了获取羊毛和羊奶，羊奶用来制作奶酪。当时养牛尚极为罕见，牛被看作是产奶的牲畜，只是在其老得无法干活时才被宰杀了吃[28]。

在公元前5世纪的雅典，饮食制度发生了变化。在公民中已经颇为流行的干果和蔬菜汤，变成了一种所有人均可享用食物。在同一时期，希腊人改进了磨麦子的磨坊。士兵们还在吃夹杂着血、脂肪和醋的“斯巴达人的肉糊”（brouet spartiate）。

希腊的医学跟同一时期的中国医学一样，对食物非常感兴趣。跟中国的饮食一样，希腊饮食学的首要原则是节制。根据非常接近中国人的阴和阳的模式，希腊饮食明确指出了有些食物有助于提升健康，而有些食物则会引发疾病。身体健康的人应该吃各种食物，但是要适量，最好是易消化的食物。希波克拉底（公元前460年至公元前370年）建议经常禁食，指出：“你们给身体喂得越多，对身体就越有害”[28]。他记录了胡萝卜的利尿功效和蜂蜜水对治疗咽喉疾病的功效。希腊的医生努力在食品和饮料中进行区分，哪些属于干和热，哪些属于干和寒，然后是湿和热，湿和寒（即跟胆汁、黑胆汁、血液和淋巴液具有相同的特性）。湿热食品被视为比其他特性的食品更没有营养。希腊医生主张在冬天吃干热的食品（小麦、肉类），在夏天吃湿寒的食品（绿色蔬菜、全麦面包）。男人的性器被归为干寒，所以男人应该多吃湿热的食品。而女人应该吃干寒的食品，因为她们的性器被视为是湿热的。他们劝诫人们切勿将奶和鱼混合在一起食用。老人必须避免食用奶酪、扁豆、无盐面包和煮鸡蛋[28]。在这些食物中，某些食物会因其壮阳功能被人熟知并被特别强调。

希腊哲学家也对饮食发表了看法，但是其意见却与希腊医学家大相径庭。毕达哥拉斯是素食主义者，拒绝摧残动物，也反对使用羊毛和皮草，反对宰杀动物。他的弟子们甚至反对用动物给诸神做祭品[28]。与之相反，亚里士多德，那位亚历山大大帝的家庭教师，在其《动物志》中对生物进行了分类，并根据动物的道德缺陷程度来确定哪些动物可以享用。在他提出的“生物链”（scala naturae）中，他宣称人处于顶峰，继而是动物（四足动物、胎生动物、鲸类、卵生有血动物、头足动物、甲壳动物、“分段”动物和带壳软体动物）、动物型植物（动物和植物的中间类别，其中有珊瑚和海绵）、植物。在他看来，在这种分类中的位置可体现一个生物的“活力程度”（运动、智力、敏感性……）[5]。

从公元前 4 世纪开始，客栈在希腊出现。客栈减轻了希腊公民的压力，因为此前他们必须要保证对外来客人的接待，而且客栈也可以充当小饭馆。

约在公元前 330 年，亚历山大大帝从东方的征战中带回了日后的重要食品：大米、藏红花、生姜（主要用作中毒的解药和壮阳药）、胡椒（来自马拉巴尔海岸，印度西南部，当地可能在公元前 4000 年就已经将之作为米饭的调料）[213]、糖（这是他在波斯发现的，糖成了一种在当时属于奢侈至极的食物）。

在希腊人眼里，那些不从事农业、不吃面包和不喝葡萄酒的民族是“蛮族”，那些不组织宴会的人也必然是野蛮的，因为聚餐首先是交谈的机会。而且，食物与语言密切相关。

因此，只在丧葬时摆宴而且只喝纯酒的斯基泰人，被希腊人视为蛮夷。在希罗多德看来，波斯人是“怪物”，因为他们自己吃得太多，而且不给诸神献祭。对西西里的狄奥多罗斯来说，吃鲸肉的第勒尼安海沿岸居民不属于希腊人，因为一个希腊人是不会吃一种自然死亡的生物的，而且不会吃没有给诸神献祭过的生物。同样，饮食无节制、吃生食的人，俄耳甫斯者们（吃鸡蛋），都不能够被视为文明人。希罗多德在其《历史》中也提及了希腊人周边各种民族的一些吃人肉行为（斯基泰人、色雷斯人、帕戴安人、伊塞东人……）[83]。

在罗马，吃饭为了统治

在罗马统治初期，就像在希腊人那里一样，向诸神献祭动物是具有象征意味的社会和政治生活大事，是国家宗教的重要之举。每逢有如同人口普查之类的“社会性”事件，人们都会举行献祭一头公牛或一头母羊的仪式。人口普查每5年举行一次，这期间的“五年祭”，也可指当时举行的洗礼仪式。在献祭仪式之前，会有一场展示稳定的社会秩序的仪式。献祭仪式之后，会举行请公民们参加的宴会。这些具有宗教色彩的宴会先是在共和国时期，继而是在帝国时期逐渐失去了重要性。

接着，宴会主要变成了在富人家里举行的私人聚餐。而且，在罗马跟在其他地方一样，较之于食物，交谈更是举行宴会的理由。他们在一个“躺卧餐厅”（triclinium，餐厅由3张供家人和客人使用的床、1张供上菜用的长台组成）里用餐。在共和国时期，在有权者的大别墅里，女人们坐在男人们的脚下。在帝国时期，女人们可以躺在软垫长凳上，据说这是为了避免男人之间在政治或战争问题上发生激烈的争吵[332]。

一个宴会的质量高低，需根据其有没有用过香料，有没有新出现的水果（樱桃、桃子、桑果……），以及有无之前没有尝到过的肉类（红鹤、山羊羔、孔雀……）来判断。人们在用餐期间使用双齿叉子和圆口汤匙，这种汤匙在庞贝已经被使用。宴会过程当中，会伴随各种娱乐项目（歌曲、竖琴演奏、杂技表演、模仿表演）。克洛德皇帝留给后人的印象是一个生活优渥的人，他在宴会期间会让人端上数量庞大的菜肴。在公元 2 世纪，埃拉伽巴路斯皇帝安排了 22 道菜的宴会。马尔库斯·加维乌斯·阿皮基乌斯，是罗马的富有贵族和美食家，曾经在提贝里乌斯的宫廷里生活过。他倾其所有财产来探索、体验和分享烹饪知识。尤其要提及的是，他还冒出过烹制红鹤舌头的念头[431]。

在这些非同寻常的宴会之外，罗马人每天只做一顿真正的饭：早饭（jentaculum）很简单，仅喝一杯水和吞一块面包、奶酪、几个橄榄，最富有的人也是如此；午饭（prandium）亦极为随意；在下午 3 点开始的晚饭（cena），才算得上是一顿完整的饭[28]。

在公元前 5 世纪，罗马人民的食物与人们在同一时代的希腊发现的食物相当接近。面包（大麦、小麦、优质软粒小麦为原料）依然是主食，只是比希腊多了一点点肉，还有橄榄油和酒[332]。

从公元前2世纪开始,罗马的民众食物有所变化,煮食的蔬菜,比如白菜、茴香、黄瓜和板栗越来越多[3]。

跟希腊不同的是，烤肉是强壮者和权势者的食物。在罗马消费的主要肉类是猪肉，从伊特鲁里亚人那里流传下来的养猪技巧可以为罗马人带来希腊所没有的蛋白质。西塞罗在其《论神性》(*Natura Deorum*)中认为，猪甚至是唯一可吃的牲畜，因为牛和羊具有社会用途而被禁止消费。最富裕的罗马人也享用猎物(雉鸡、山鹑、野猪)。鱼是极其受欢迎的一道菜，无论是淡水鱼还是海鱼均如此[3]。

为了维持社会秩序，皇帝们会打破常规向人民免费发放猪肉和面包。在奥古斯都时期，罗马共有300多个面包坊。面包常常配有橄榄和无花果。

与希腊士兵相反的是，罗马军团的官兵吃的是肉干和奶酪。但是，定额分配制导致他们由食物摄入的营养严重匮乏[79]。

罗马人自己不烧菜做饭。如果他们足够富有，他们在自家的别墅里有厨房和厨师。如果他们并不富有，他们一般会住在多层楼房里[70]，大部分的楼房公寓没有厨房[310]。要吃饭的时候，他们会去叫在街上做饭的商家，烤鱼、牛肉串、烤鸟肉，酒的零售店、旅馆和小饭馆数不胜数。这些店只有穷人和水手光顾，而且警察会密切监视店里的言论[79]。此外，元老院成员娶旅馆老板的女儿为妻是被禁止的。

商船抵达奥斯提亚安提卡港或商行所在的港口，给罗马带来非洲小麦、亚洲香料、希腊葡萄酒、西班牙肉类、高卢猪肉、藏红花、糖、胡椒、生姜。对于这些来自远方的产品，人们最主要的担心是变质问题，以及它们可能引起的疾病。人们已经发现当时还有腌制品的迹象，特别是橄榄、蔬菜和鱼之类的腌制品。

罗马士兵在叙利亚发现，饮食在当地被视为一种艺术。他们从叙利亚带回了香料，香料深受富人们的喜爱。“香料”这个词源自拉丁文“species”，意指“食品”或“药品”。他们甚至还带回了胡椒，其价格之昂贵，令胡椒在很长时间里都被当作货币使用[432]。此外，香料也被当作是壮阳之物。

一如在它之前的希腊医学，罗马医学对食物亦甚感兴趣。在罗马医生眼里，面包是自然界里存在的各种元素完美平衡组成的食品(热、寒、干、湿)。奥古斯都时期的罗马百科全书式人物奥卢斯·科尔涅利厄斯·凯尔苏斯（公元前29年至公元37年），以其《医术》（*De re medica*）闻名于世。该书汇编了自希波克拉底以来的希腊和罗马的医学著作，并将疾病分为三大类：属于饮食和营养方面的疾病；需要药物治疗的疾病；需要通过外科手术治疗的疾病。他在《医术》第二卷中写道："面包比其他任何食品都含有更多的营养。""肉汤和加蜂蜜的水，冬天三杯，夏天四杯，营养足以[28]。"

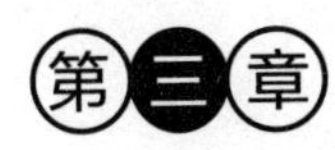

欧洲餐饮的诞生和荣耀

从公元1世纪至17世纪中期

欧洲餐饮的形成用了约15个世纪，如同由一千零一种做法汇聚而成的欧洲餐饮，将它们予以融合并变成自己的餐饮。首先是希腊的餐饮，继而是罗马的餐饮，再接着是阿拉伯的餐饮、意大利的餐饮、法国的餐饮，等等。在将这些来自别处、数不胜数的做法或菜品融入自身的同时，欧洲餐饮渐渐地作为（后来变成）世界餐饮典范的模型而确立下来，正是这种餐饮模式为所有人提供了（可能的）交流的场所。

在罗马人到来之前，高卢人吃的肉比其他任何一个欧洲民族都要多。他们尤其以猪肉的质量而闻名于欧洲大陆。公元前2世纪的希腊历史学家波利比乌斯将他们描述为“只吃肉，只在打仗和饲养，过着一种原始生活的”[149]人。其实，他们主要是吃猪肉，也吃一点点野猪肉。野猪属于力量和勇气的象征，要么通过狩猎获得，要么通过驯养。但是，野猪在他们的饮食制度中的重要性被高估了[351]。猪也被用作交换中的计量单位。高卢人的面粉无法让他们制作发酵面包，只能做面糊和面饼。他们熟悉葡萄酒和肥鹅肝，每天吃四顿饭。

和之前的其他首领一样，高卢首领证明自己实力的手段是在场面盛大的聚餐上，向自己的子民提供数量可观的食物和饮料。聚餐时，客人们围着一张长桌子而坐。跟早先的其他文明一样，在社会交往和社会治理方面，这些宴会扮演着相同的角色。

罗马人占领高卢之后，高卢人的饮食习惯发生了改变。如同在罗马，他们从此以面包为主食，每天只做一顿饭，大部分时间是躺着吃的。相互产生影响的是，罗马人也从高卢人那里借鉴到了食物。在尼姆生产的一种奶酪（即后来的罗克福干酪）在老普林尼的著作中曾被提及，肥鹅肝的做法被高卢西南部的罗马人加以改善。罗马人将葡萄输出到了普罗旺斯和朗格多克，高卢人的葡萄酒也对罗马人具有吸引力，约在公元 90 年，意大利的葡萄酒商曾要求皇帝图密善下令摧毁高卢人的葡萄园，但结果没能如愿。

东罗马帝国的饭菜也跟希腊相似：谷物类（小麦、优质软粒小麦、大麦和黑麦）、新鲜和晒干的水果和蔬菜、鱼、奶酪、蜂蜜和黄油。所有的菜都配橄榄油。肉类（鸡肉、羊肉、羔羊肉、猪肉）只留给富人食用[102]。从印度河流域进口的蔗糖，也还仅限于最有特权的群体享受。

中世纪前期：封斋前的狂欢和斋戒

从 6 世纪开始，通过宴会，墨洛温王朝初期转战各处的几个国王，得以在身边聚集起贵族和他们所到之处的村庄里的富有农民。与躺着吃饭的高卢 - 罗马人不同的是，墨洛温王朝的领主们像高卢人那样坐着吃饭，他们吃的食物会被摆放在有支架的木板上面[4]。有时候，他们会使用刀子吃饭，以免用手太多，用手吃饭会被视为不够洁净。男人、女人和孩子均在同一张桌子上吃饭[4]。

跟在罗马一样，在欧洲中世纪前期，人们根据烤肉来判别权势者的地位。在有钱人家里，肉会放在一块砧板上端上来，配一大片蘸了调料的面包。吃剩下的则分给穷人，或用它来喂跑到家门口来的狗[247]。

从8世纪开始，在高卢，猪肉重新在大量的菜肴里出现。配香菜，酒烧肉汁，腌肉，加调料和百里香炒肉。有人会生吃猪肉，也有人会吃猪油和熟肉，猪重新成为交换的计量单位[4]。领主老爷们也吃野味，或是烤或是炒。而农民们难得能够吃到肉，而且即便和肉味沾边，也只能是肉汤而已[28]。

领主老爷或教会对一个仆从的惩罚，可能是剥夺他在某个时间段里或一生里吃肉的权利。在加洛林王朝时期，禁止吃肉的规定，特别适用于没有在军队里服役的男子[147]。

人们至少在每个星期五吃来自河里、湖里或公海里的鱼。渔民们越来越多地去寻求距离遥远之处的鱼类。巴斯克人一直跑到北海捕鳕鱼，这是有钱的加洛林人钟爱的鱼。在北海和波罗的海打捞的鲱鱼，帮助巴斯克人躲过了数场饥荒。

他们也通过陆路从亚洲进口了胡椒、糖、生姜、丁香、肉豆蔻，这些货物是供给富人的。这条路一直通到中国，途经印度、埃及、波斯和阿拉伯世界，他们会沿途带回产品。这条丝绸之路首先是一条香料之路。

食人现象应该还有发生，因为在789年，查理曼还将吃人肉行为定为死罪。

在伊斯兰国家：吃饭需要有节制

在阿拉伯世界，伊斯兰教传入之前，阿拉伯人以骆驼奶、山羊奶和椰枣为主食。他们偏爱油腻的食物，菜肴会煮得很熟，加调料，味道很重，比如北非浓味辣椒酱（harissa）和布丁（isfidbadj）[28]。阿拉伯人将肉留在节日里吃，他们靠打猎得到肉类，如野山羊、野牛、斑马、羚羊、鸵鸟、野兔、山鹑、蜥蜴、蚱蜢[248]。骆驼肉也很受欢迎。牛用来耕地。在普通人家的食物中，蔬菜占有重要的位置。在歉收时期，蔬菜替代谷物来食用。在埃及，人们主要吃扁豆、蚕豆、鹰嘴豆。古斯古斯（以粗麦粉做成）于公元前 2 世纪出现在柏柏尔人王国，然后很快就在整个阿拉伯世界流传开来。当时的阿拉伯人也消费了很多酒。

在伊斯兰教开始传播之后，食物需要有节制地消费。在食用某个动物之前，需要确保该动物是根据明确的规定宰杀的。来自海里的所有产品都可以食用（halal，清真），但是，鱼被认为属于营养价值和美食价值偏低的食物[28]。

在 642 年，阿拉伯人占领了亚历山大港，几个世纪以来，一大部分的香料和糖的贸易经转该港口。其中有一部分来自印度尼西亚和中国。其中大部分来自印度次大陆并经波斯转运，采购这些产品的阿拉伯商人主要驻扎在索马里。麝香是供给最富有者的，玫瑰露相对比较普及，还有藏红花、桂皮、丁香、豆蔻。

茄子来自印度和中国，于 9 世纪被阿拉伯人引入中东，后来又传入欧洲[98]。橄榄油在马格里布地区、安达卢西亚地区和叙利亚出产[28]。阿拉伯人还带来了亚洲的大米。他们也吃干果，椰枣、葡萄、杏仁、核桃、开心果。

而且，糖和蜂蜜还特别稀缺和昂贵。阿拉伯人用它们发明出了非常特别和精致的美食，各种各样的味道对欧洲人来说还非常陌生。当时的阿拉伯菜肴的发明者将配料分为数个类别：香料类、果粒类、蔬菜类、盐和胡椒。在地方的富人家里，新鲜水果极受欢迎。商人们为大马士革的王公贵族们进口葡萄、李子、甜瓜，运输时用铅盒加冰块[28]。饼干（底料是粗麦粉、杏仁、开心果、核桃）和面裹（里面有桂皮、蜂蜜、藏红花、糖、椰枣、玫瑰露）给外出的人做干粮用。他们也用蜂蜜和榛子做果仁糖，还有被称为 loukoum（阿拉伯香甜糕点）的淀粉糕[28]。

用水果和糖做的饮料极受欢迎。在 12 世纪初，来自“开罗藏经库”（Guenizah du Caire）的资料证明了在整个埃及的柠檬水（qatarmizat）的贸易，这是一种以柠檬汁做成的甜味饮料[243]。人们也喝玫瑰露。

谷类和大米经常被储存在地窖里。肉类晒干了存放，鱼用来腌制，烟熏这种方法在当时还不是很普及，这些食品被抹上油脂、蜂蜜或糖来封存[28]。

在最贫困的家庭里，女人负责做饭。在王公贵族家里，有厨房主管负责监管饭菜质量，他还得负责避免偷窃和浪费，尤其是要负责消除主人可能被下毒的担忧。

自 8 世纪始，阿拉伯人用餐刀和餐叉切分食物，他们的食物只放在一个盘子里，然后用手指拿食物喂到嘴里。近 9 世纪时，他们有时候也用汤匙。

中世纪末期：香料和失落的天堂

在11世纪前后，欧洲人开始接触阿拉伯菜肴。他们非常喜欢阿拉伯菜肴，并将菜谱带回了欧洲。

大米在摩尔人将之引进到安达卢斯地区之后，于11世纪传入欧洲。柠檬水通过奥斯曼帝国在欧洲被人知晓，并变得极其流行[242]。包括糖在内的香料，在十字军东征时期令欧洲人趋之若鹜。

十字军士兵也带回了藏红花。儒安维尔在《圣路易传》中写道："在那里，每天早上，他们会发现按称重出售的这些商品，就这样，生姜、大黄、沉香和桂皮被带回来了。人们说这些东西来自人间天堂，在那里，它们从树上随风掉落，就像在我们当地的森林里随风掉落下来的干树枝[435]。"在那个年代，生姜属于在欧洲食用最多的香料。大蒜、洋葱、分葱也被当作香料。胡椒总是跟其他香料同用，在欧洲的菜谱中还很少使用，因为它被认为是一种危险的东西。阿拉伯人也让欧洲人学会了食用面条。面条是阿拉伯人从中国人那里借鉴而来的。阿拉伯烹饪在当时变成了世界上最有影响力的一种烹饪。在欧洲，其影响尤其重要。

相反，来自阿拉伯世界的餐具却没能得到欧洲人的认可。叉子被认为缺乏男性气概，并且握在手里使用时让人感觉太小了。1004年，在跟威尼斯总督的儿子举行的婚礼上，拜占庭皇帝的侄女玛丽亚·阿奇热布丽娜第一次使用叉子将食物送到了嘴里。天主教神父们对这种做法极为愤慨。在中世纪末期，叉子的使用通过君士坦丁堡在意大利普及并在欧洲其他地区流传开来[28]。

当时，正是为了满足饮食方面的需求，才促成了这一时期这些主要发明的出现：土地耕种方面三年一次的休耕期、用来磨谷物的风车[34]、为了促进波罗的海沿线港口的小麦贸易而发明的尾舵船[11]。

农民一直吃四季豆、蚕豆、白菜、苤蓝、洋葱、烙饼、面包、萝卜。阿拉伯人带入的大米最初是在卡斯蒂利亚、安达卢西亚、卡塔卢尼亚等地区种植。在重要的日子里，农民会吃饲养的动物、改良的牛奶、鸡蛋、凝乳、腌鱼。他们发明了数量众多的菜肴（猪内脏灌肠、面条、香肠），会利用能够获取的珍稀动物的各个部分。偷猎在当时是要判处极刑的。在沿海地区，特别是在西班牙和葡萄牙，人们吃油炸鱼。在15世纪的英国，还有油炸鱼菜谱，以面包粉末包裹来保护鱼肉，这个菜属于炸鱼（pescado frito）的一种，由为了逃避天主教宗教裁判所的迫害的葡萄牙和西班牙犹太移民传入。很久之后，这个菜的名称变成了“炸鱼配薯条”（fish and chips）[311]。

每个村庄、每座寺庙都拥有自己生产的奶酪。

跟过去一样，食品越是高端，就越是被上流社会“独享”。家禽比牛和羊更加受到富人的青睐，野味属于杰出贵族的食物，孔雀成为骑士的标志性食品。只有领主们才有权捕猎野鹤、野鹿、野猪、狍子、大鸨。欧洲的精英们此时已经大量使用香料，香料贸易仍由阿拉伯商人掌控，他们将香料运至威尼斯、热那亚、巴塞罗那、马赛[28]。

新出现的饮料需要使用糖。糖还是一种奢侈品。十字军士兵从小亚细亚地区带回来的糖，尚属香料之列，跟盐一样作为调料来使用[28]。买不到糖的人则使用蜂蜜。

不论是哪一种社会阶层，吃饭的时间差不多是一样的。早饭（喝一杯水或什么都不吃）在9点吃，中饭在一天的中间时段吃，夜晚来临时吃晚饭。

人们开始更加懂得保存食物，肉类不再像以前那样在屠宰的当天就食用。人们使用各种贮存技术，包括利用盐、醋、油等来保存食物，猎人们会使用熏制方法，在将猎物带回村子之前，先用烟熏几个小时。现有的腌鱼方法在汉萨同盟的渔民那里被广泛采用，然后在欧洲所有港口普及，最后成为在全世界的港口流行。后来突然出现的“新方法”是将鱼放在山毛榉火上熏。

接着，人们就像追求黄金和白银一样疯狂地追逐香料，这令欧洲人越走越远，通过丝绸之路奔向对亚洲的征服。首先，是威尼斯人和热那亚人通过陆路，然后通过海路前往亚洲。与此同时，一直通过海路前往亚洲的先是葡萄牙人和西班牙人，继而是荷兰人和英国人[11]。

宾馆、旅店：旅途中的餐饮

用餐一直是相聚和交谈的时机。在旅行途中就是如此。不管在世界何处，概莫能外。

在 11 世纪的中国，即宋朝时期，此前只为贵族们的上流社会所享用的食物——面条，已经在客栈里向大众提供，而客栈已经遍布全国各地[33]。正在飞速发展中的欧洲城市，比如巴黎，也冒出了一大批食品摊，他们出售圆面包、水果馅饼、烙饼，这些食物尤其受到一些人的喜爱[18]。

在欧洲，自 12 世纪开始，“旅馆”(hôtel) 一词出现，它在出现之时带有宗教机构的意味，后来才转向了招待之意。在极为危险的交通道路沿线，有一些小饭店会提供吃饭和歇脚的服务，有些私人住家转变成了旅馆的客房。有时候，在这些客栈周围甚至形成了村庄。在法国和意大利，这些早期的旅馆会用一些特殊的标志来加以辨认：花冠、绿树枝、桶箍、招旗，有时候是“东方三王”。他们会提供葡萄酒和啤酒，这种交易由当地官方确定价格和授权零售，并从中征收税费[28]。

这种旅馆业在其初期非常简陋，只提供通铺。店家必须根据床位数遵守接客数量的限制，而且要向官方通报在店内过夜的客人姓名[28]。王家警察会监视这些场所，因为在这种地方人们可能会在交谈时无所顾忌。

从 14 世纪开始，在法国、意大利和英国，旅馆开始提供可以锁门的独住房间（有床和衣柜），旅馆内会设有客厅和餐厅。最小的旅馆有 10 到 20 个客房，最大的旅馆则有 60 来个客房。在大村庄里，会有 2 个到 10 个不等的旅馆。在中等城市里，则会有 20 来家旅馆。而在大城市里，甚至会有上百家旅馆[28]。

直至中世纪末期，这些旅馆里提供的餐饮尚非常简单（奶酪、面包、难得一见的肉）。在 1335 年，挪威国王曾下令，在城市和交通要道周边开设一批小酒馆（tavernes）[28]。

从 14 世纪到 16 世纪，意大利餐饮的辉煌

意大利醒过来了。威尼斯和热那亚变成了强国。

在 14 世纪，在欧洲占主流的餐饮还是深受阿拉伯风味的影响。欧洲第一部伟大的菜谱《烹饪书》（*Liber de Coquina*）于 1300 年左右出版，此书作者不详，可能出自那不勒斯王国的安茹宫廷。根据各种理论推测，这是医生兼哲学家泰奥多尔·堂提约歇（Th é odore d'Antioche）于 13 世纪初撰

写的一部营养学论著的复制品，此人当时在皇帝弗雷德里克二世的西西里宫廷里任职，这部论著有很多内容是受到了阿拉伯人的启发[398]。

“宴会”(banquet) 一词此刻在法国出现，该词来自意大利语中的“banchetto”，意指“盛宴”（festin），而“banchetto”这个词本身就来自意大利语中的“banco”，意指“小凳子”（因此 banquet 和 banque 出自同一词源）。这是意大利美食之影响不断提升的标记。意大利美食既继承了拉丁餐饮之源泉，又利用了从阿拉伯餐饮中学到的内容。

在 14 世纪初期，古罗马时代唯一的一部伟大菜谱，即阿皮修斯的《论烹饪》（*De re coquinaria*）依旧属于很重要参考书籍，特别是在威尼斯的总督府里更是如此。

14 世纪的意大利营养学家们，跟希腊人和拉丁人一样，根据食品的自然特性（热、寒、温、湿、干）将它们进行了分类。这些人中影响最大的是米兰的马戈尼努斯（Magninus de Milan）。在《味道手册》（*Opusculum de saporibus*）中，马戈尼努斯公布了根据肉、鱼和家禽的自然特性而确定的烹饪原则。肥肉（湿性）必须拿来烤，因为烤可以去湿，而精肉（干性）必须水煮。牛肉属于干性，因此必须煮食，可配“热性”调料（比如加藏红花的胡椒酸醋调味汁）[28]。他还在其《健康指南》（*Regimen Sanitatis*）中补充说，一道菜越是美味就越容易消化。在他看来，有些食品需要放更多的盐：“湿性食品容易积便，吃湿性食品容易变肥胖（比如猪），所以这种食品需要放更多的盐[28]。”盐具有“通便和促进肠胃蠕动”的功效，还可以保存肉类和鱼类。不具有寒性和干性的物质只能够充当药物或佐料。根据约瑟夫・迪歇纳的说法，水果必须严格按照顺序食用。在头菜中，吃轻味水果（杏子、樱桃、桃子，等等）和寒性或易腐烂的水果（欧洲甜樱桃、李子、杏子、桃子、无花果）。苹果、梨、板栗必须在餐末吃，因为它们可以阻止食物反胃。苹果和梨必须煮熟并加佐料而食。甜瓜被认为是最危险的水果，必须跟奶酪或跟咸的或甜的肉一起食用，从来不被单独食用[28]。

不久之后，印刷术与新教改革（跟印刷术有关系）打破了中世纪的饮食单一性，只有教会的规定还保留着中世纪的饮食。就这样，它们随后充分地参与了各国饮食身份的创建，就像参与了各国文化在各个方面的提升。

受雇于贵族家庭的职业厨师撰写了一些烹饪专著，它们在英国、法国和意大利广为流传。阿拉伯、西班牙、意大利、法国的影响掺杂其中、相互竞争。

第一本印刷的烹饪书，书名为《塔耶风菜谱》（1486 年），由一个叫纪尧姆·特里埃尔的人用法文撰写，他以“塔耶风”（Taillevent）这个名字闻名，属于法国国王查理五世的大厨。该书遵守了希腊和拉丁营养学家所确立的禁忌，比如不能将牛奶和鱼放在一起，这种禁忌在同时代也被西班牙医生佩特罗·弗拉捷奥拉（Petro Flageola）在其《调味指南》（*Régimen condit*）中提及。该书与前期中世纪的烹饪方法不同，而是继续了意大利的烹饪风格[28]。

查理五世遵从最严格的修行戒律，无论在哪里，他都跟僧侣们一起吃晚饭，他嘲笑法国的烹饪传统，特别是嘲笑吃三顿饭的习惯（他认为这是儿童的吃饭模式）[4]。

阿拉伯人对意大利的餐饮的影响还是很明显的，直至 16 世纪中叶，意大利三分之二的菜谱还带着东方影响的痕迹并且使用香料。香料的性质还带有社会地位的标记，一道菜包含的各种香料越多，社会地位越高。人们也使用醋（根据各种菜谱统计，在菜单中占 23% ~ 31% 之间）和酸葡萄汁（占 33% ~ 43%）。醋用于肉铺的肉类（在 18% ~ 36% 之间）要少于用于杂碎和内脏等（在 40% ~ 60% 之间）。醋跟糖同用被认为有助于消化[28]。

慢慢地，意大利（威尼斯、罗马、那不勒斯、热那亚、米兰）向欧洲人民提供比萨（不知道是从哪里传出来的）和由阿拉伯人从中国传入的面条。而且，意大利为富豪们提供了美食方面的新标杆，小牛肝灌肠、洋蓟面裹、马卡龙、阿尔巴松露、鸡冠花。同时代最重要的烹饪书之一是巴托洛米奥·斯嘎皮（Bartolomeo Scappi）于 1570 年留下的著作，他是教皇庇护四世和庇护五世的大厨。在书中，他特别将帕尔马干酪称为“世界上最美味的奶酪”[28]。

某些意大利、法国和英国的谚语仍然在强调非常古老的禁忌，这些禁忌一直都是欧洲营养学的内容之一。他们对鱼非常谨慎，鱼被认为属于寒性和湿性的食物。老干酪被认为属于热性食物且不易消化，“干酪可以消化任何食物，除了它自己不易消化”（1566 年），“肉归肉，鱼归鱼”（1578 年），“水里来的鱼必须死在油里”（1578 年）。生菜是寒性的且不易“煮食”，“吃生菜后不喝酒的人有生病的危险”（1579 年）。还有，“吃完奶酪，不吃别的”（1623 年）[28]。

在此期间，几乎在欧洲各处，农业生产条件都发生了改变。生产方式的改变，休耕期的取消，用作饲料的植物和苜蓿的定期耕种，都提高了农业生产力。

在英国，大地主们将小块土地集中起来，吞并市镇的土地，圈围最好的牧场来饲养自己的牲畜，并种植比食品收益更高，用于纺织工业的农作物。英国贵族将土地交给领薪农民来打理。被大地主们打发掉的其他农民则进城打工。当时爆发了大量针对这种变革的暴乱。在1549年，在诺福克郡，有一个叫罗伯特·凯特的闹事者纠集了1.6万人并占领了英格兰的第二大城市诺里奇。他提出了29条诉求，其中包括停止圈地，降低地租，尽可能让所有人享受市镇的财产。暴乱的镇压导致了3500人死亡，罗伯特·凯特被绞死。

英国从此开始进口主要的食品，跟许多其他欧洲国家一样，他们越来越多地选择利用耕地来生产非粮食类产品。但法国是一个例外。

属于例外的法国

法国一直都是一个以农村为主的农业国家。法国的农业生产首先是为了食物。法国人的餐桌，一直受到文艺复兴时期带来的人道主义和理性主义思想的影响，此后既与天主教传统保持着距离，也与新教为主的邻国传统保持着距离。在法国，西班牙人的餐桌被视为过于虔诚了，尤其是在查理五世统治时期更是如此。而英国人的餐桌被排斥，不仅是由于英国君主制的反教权政治，也由于他们将各种味道奇怪地混杂在一起的做法。

法国王宫里的餐饮属于极端的例子，它既是王国富人们的典范，而且对于穷人们也同样如此。在法兰西具有的重要事物当中，王宫里的餐饮属于能向各地扩散的事物。在16世纪初期，路易十二的用餐先是从熟煮水果开始，然后是面条、汤、鱼、烤肉（6种）、糖渍水果。他的继任者弗朗索瓦一世，则在吃各种蔬菜以及各种能够朝天上飞的动物，比如孔雀和野禽。还有洋蓟、梨、淡水鱼、烤肉。作为甜点（人称“餐后甜点”）的有：糖渍水果、牛骨髓饼和杏仁蜂蜜糕。跟我们今天认识的草莓相接近的草莓（比史前就在食用的那种野草莓要大很多）也已出现。从14世纪开始，在国王们住的卢浮宫的花园里，一共种了1.2万株草莓。

餐桌也是重大谈判之地。就这样，在金缕地营地（camp du Drap d' or），从1520年6月7日至24日，法国国王弗朗索瓦一世和英国国王亨利八世聚会之时举行了一场接一场的盛宴。在前48小时里，共有248道菜上桌。在这场聚会期间，消耗掉的食物有：2000头羊、700条鳗鱼、50只鹭、波尔多红葡萄酒、淡红葡萄酒、马尔瓦齐葡萄酒、勃艮第葡萄酒[278]。

糖是一种奢侈品。诺查丹玛斯在其《果酱制法》中将糖视为一种药物。贵族们喝“伪君子”（hypocras），这是一种饮料，里面会泡有丁香、橘子花、桂皮、肉桂和糖。人们也喝掺水的酒。

在亨利二世以及后来的亨利三世时代，餐叉变得极为流行，因为人们再也无法忍受去吃别人用手碰过的食物。

不久之后，在1600年12月17日，亨利四世和玛丽·德·美第奇在里昂的圣-让大教堂举行婚礼之后的宴会上，四轮菜肴丰盛无比，包括头盘（面条、圆面包、咸糕点）、汤和烧肉、烤肉（阉鸡、小母鸡、野味和面条）、甜点（果冻、奶油、果酱……）[279]。

禁食在当时被视为是一种过于夸张的做法，因此发明了一种称为“禁贪吃”（jeûne gourmand）的做法（仅吃身体所需的基本食物）。

与在法老时代一样，养活人民还是关键。亨利四世曾如此说道：“如果上帝再给我一次生命，那我要让王国里的每一个耕种者都能够在家里吃上炖鸡。”

餐刀因而变为通用之物。由于讨厌看到宾客用手中的餐刀剔牙，黎塞留遂取消了尖头餐刀的使用，由此，让餐叉变得非得使用不可。

17世纪，法国崭露头角

在1650年，法国国王解雇了王宫里的一批意大利厨师。次年，尤格塞尔侯爵的厨师，皮埃尔·德·拉瓦雷纳，在其包含700种菜谱的手册《厨师弗朗索瓦》中，反对口味过重、用料浮夸且有失本真的中世纪烹饪，反对意大利烹饪以及口味过重的阿拉伯烹饪对其产生的影响。特别值得一提的是，他发明了一种“橙红色佐料”（le roux），将面粉和黄油等掺在一起，用作大量调料或面条的底料。

他的弟子之一，尼古拉·德·博纳丰写道：“一道白菜汤闻起来应该完全是白菜的味道，韭葱汤应该是韭葱的味道，萝卜汤应该是萝卜的味道，其他汤也均该如此。把配料留给那些家庭主妇们吧，比如面包屑和其他抢味的料。人们应该是浅尝即可，而非饱餐。”

在1662年，同样是在法国，第一本酒店主管手册（《王家酒店主管操作手册》）出版。该书由罗昂公爵的厨师皮埃尔·德·吕纳撰写，作者认为，这本书能够体现一种“餐桌上的灵魂”。在1668年，他出版了《厨师操作手册》，该书展现了在此期间法国餐桌艺术方面极其细分和系统的组织。在同一时期，还出版了第一部餐饮主管手册，书名为《餐饮主管理想学校》[28]。

1686年，巴黎开出了一家名为“普罗柯比”的咖啡馆，主人是名为弗朗西斯科・普罗柯比・迪・科勒戴利的西西里人（此人在两年之前加入了法国籍，其法国姓名为普罗柯比・库托）[107]。

1709年，冉森教派教徒医生菲利普・艾克盖，在其《论封斋期的宽免》中，第一次引人瞩目地提出要对糖加以提防，“糖的甜味正是糖的危险之处，因为糖几乎会纠正任何一种食物在味道上的一切不足。但是，这种陷阱正因为人们对吃糖已经习以为常而更加让人害怕，而且，糖并不会因为其甜味和舒服而减少其有害性。毕竟砒霜几乎是淡而无味的，而世上最致命的毒药并非都是世上最难吃的味道。因此，我们怎么担心糖的危害都不过分。如果说糖招人喜欢，那只是因为糖更具欺骗性[511]。”

在丹麦、瑞典、英国，出现了大量关于法国烹饪著作的改编版本，其中有一部分是由定居到这些国家的法裔厨师撰写的。

来自美洲的革命：土豆、玉米和巧克力

美洲的发现和对美洲的殖民化给欧洲人的餐桌带来了新的元素，这些元素逐渐地变成了欧洲人食物中的主要内容。

这些征服者在美洲首先发现了一些他们完全陌生的食品。在秘鲁，印加人吃一种像土豆的东西，名为块根落葵（ulluco）。肉类主要是晒干后腌

制的豚鼠。他们会储存大量的食物，以便在可能发生的气候灾害或遭受外族攻打的时候有所准备。

征服者在到来之后终结了食人肉现象。巴托洛梅·德拉斯·卡萨斯估计道，这些受害者每年不会超过 50 人。牧师让·德·莱里曾跟图皮南巴人一起生活过数年，根据他的解释，吃人肉的目的乃是为了给敌人制造恐惧心理。

接着，他们将刚刚发现的大量植物带回到欧洲，这些植物很快就成为欧洲菜肴中的重要原料。

1492 年，克里斯托弗·哥伦布在古巴发现了玉米。玉米从 16 世纪初开始在欧洲流传，先是在炎热地区（葡萄牙、西班牙、法国南部地区），然后渐渐地扩散到了整个大陆。玉米可以磨成粉做玉米粥和玉米面包[91],[217]。

源自秘鲁的土豆在 1570 年前后传入欧洲，土豆在英国起初是被拿来喂牲畜的，然后传入法国，当时的名称是“cartoufle”[214]。

克里斯托弗·哥伦布在古巴发现的四季豆（ayacolt），在欧洲人的饮食中占据位置相对比较缓慢。在 1553 年，朱利奥·德·美第奇即后来的教皇克雷芒七世，将四季豆给了卡特琳娜·德·美第奇。于是，四季豆很快就传播了开来，因为它具有营养丰富（蛋白质丰富）和种植容易（长得快且不怕象虫侵害）的优点[215]，[216]。

同样是由哥伦布发现并被征服者们带回的西红柿，受到了意大利人的喜爱（他们发明出了一种被称为 rossa 的新比萨饼）。在法国，西红柿先是被视为有毒之物并被用作桌子上的装饰[329]。

哥伦布于 1493 年在瓜德罗普岛发现的菠萝，在欧洲，尤其是在荷兰和英国被种植在温室里，因为它们的外形与松球相似，所以又被称为“松果”（pineapple）[352]。

相反，作为有5000年历史的前哥伦布文明中的食物主料，并被印加人奉为“一切种子之母”的昆诺阿苋，却没有被这些西班牙殖民者带回欧洲。因为昆诺阿苋的谷皮是酸的，而且磨成的粉因缺少面筋而做不了面包。西班牙人甚至禁止当地土著食用和种植昆诺阿苋，取而代之的是种植小麦。

火鸡，也叫“印度鸡”，由埃尔南·科尔特斯于1520年在墨西哥发现（属于从美洲引进的唯一的食用动物），很快就被欧洲贵族们接纳。欧洲贵族们此时已经在吃孔雀、天鹅和仙鹤了。1549年，为了向卡特琳娜·德·美第奇王后表示敬意，在巴黎主教府举行的一场宴会上，人们吃了70多只“印度鸡”。

哥伦布在第一次美洲之行结束后回国时带给葡萄牙宫廷的辣椒，很快就被看作是穷人的香料[28]。

哥伦布从圣多明各引进的甘蔗很快就大规模地提高了糖的产量，而在此之前，糖还是从亚洲进口的。被引进的香草，原来是墨西哥和危地马拉的一种花草[28]。

科尔特斯于1527年在墨西哥发现的巧克力，当时是被玛雅人和阿兹特克人当作一种加辣椒的饮料来喝的[220]。在1585年，第一批可可豆抵达西班牙[28]。在整个16世纪末期，这种饮料在伊比利亚半岛流传开来。在这个世纪末，加蜂蜜或糖的这种饮料在西班牙被大量消费。路易十三的妻子奥地利的安娜，以及路易十四的妻子奥地利的玛丽·特蕾兹，两人都来自西班牙，并将巧克力带进了法国的宫廷[28]。起初，在素食和斋戒期间，巧克力是被禁止的。接着，又被教会宣布为刺激欲望的食物而被禁止食用。但是禁令没有产生效果。在1662年，国王的御医尼古拉·德·布雷尼写了一本书,所涉及的内容关乎“茶叶、咖啡和巧克力对疾病预防和治疗的好处”。

此外，还有另外两种后来也变得极为重要的饮料，即咖啡和茶叶也在这个时期进入了欧洲。

咖啡来自埃塞俄比亚和也门[28]。咖啡一词源自阿拉伯语的“qahwah”(同时也指酒)或“kaffa”,后者是咖啡原产地埃塞俄比亚省的名字。始自12世纪，咖啡通过也门的摩卡港流向开罗和巴格达的宫廷（朝廷）。咖啡因为其令人兴奋的功效而很快被人熟知。在16世纪，君士坦丁堡到处都是“kahwa-kanés”，即“咖啡馆”，它们成了文人们聚会聊天的场所。

1570年，咖啡传入威尼斯。1644年，传入马赛，然后在巴黎上流社会的餐桌上出现，当时人们在咖啡中加入牛奶。从1650年开始，荷兰人和英国人将咖啡引进国内[28]。1686年，纳波利坦·弗朗西斯科·卡佩利在图尔农街开了巴黎第一家咖啡店。人们在店里消费咖啡、巧克力、糕点和冰冻果汁，并在店内谈论政治和哲学[107]。在咖啡店里，食物跟交谈之间的关系达到了史无前例的密切。

茶叶源自中国，它于16世纪被葡萄牙商人从澳门商行引入欧洲。然后，由荷兰东印度公司接手将茶叶卖向欧洲各国。已经被证实的茶叶消费是从1637年在荷兰开始的，继而又在法国出现[28]。在英国，将近1730年之际，茶叶才开始达到咖啡具有的地位。在18世纪，英国人成了主要的茶叶进口商，并在中国，主要是在广东开通了数家商行。在1760年至1797年期间，茶叶贸易额占据东印度公司货物总额的80%[28]。印度是在成为英国的殖民地之后才开始成为茶叶生产国的[37]，[66]，因为英国人想要确保茶叶供应。

上述所有新品的出现，对当时的意识形态都产生了至关重要的影响。它们有助于提升来自海外、具有新奇之处或被发现的物品的价值。在接下来的那个世纪中，这一影响还将进一步凸显。

第四章

法国餐饮，荣耀和饥馑

从17世纪中期到18世纪

17世纪中期，世界人口达到了5.5亿。从这个时候开始，轮到由法国来为整个欧洲确立美食标准。法国饮食在引领欧洲的同时，首先尽其所能地保护自己的农业模式，保护自己的产品和饮食习惯，无论是在农村还是在城市，无论是在农场里还是在城堡里，均是如此。接着，法国根据自己的特性，将这些原则，即与饮食的标准、平衡、品种和品质相关的原则予以理论升华。

而在这一过程当中，如同法国一直以来所做的那样，首先是由君主来确立规则。

太阳王的餐桌，法国独特性的典范

自太阳王于1643年登上王位开始，尤其是从1660年开始，这个世界上极少有君王会像他那样，将自己与食物之间的关系礼仪化到如此地步。他认为，他的权力在各个领域都是建立在秩序、清明、对称和公开的基础之上的。因此，他希望他的餐桌也是一个表达其价值观的场所，一个展示其荣耀的场所。在凡尔赛宫里，他开创出了一种盛大的排场和一种出色的烹饪模式，这种排场和烹饪模式将宗教规定和之前国王们的习惯甩到了一边。他让法兰西特性达到了顶峰。他认为，要让他自己的所有臣民以及外边的世界都认识到这种顶峰。

和所有其他文明时期或其他地方的一切君主有所不同的是，路易十四不是将他的宴会变成一个跟臣民们对话的场所，而是让宴会成为一个显现他的臣民们臣服的舞台[4]。

他将凡尔赛宫的餐桌变成了一个神圣的空间，在这个空间里，他取代了耶稣的位置，既与新教对立，也与冉森派对立，既与教会对立，也与大领主们对立。

路易十四的第一顿饭在9点钟享用，味道非常清淡，只是汤药或蔬菜汤。在13点，进行“小餐”，即国王独自用餐或小范围一起用餐（经常是跟其王弟菲利普一起）。快到16点时，吃点心。最后，在22点享用“大餐”。在封斋期间，则每天只吃一餐，时间是在晚间礼拜之后。

在“大餐”开始之前，廷臣们必须向一个船形的金银器皿致敬，器皿里面放着国王使用的餐巾。甚至是国王的家具也成了朝拜之物，国王不在之时，男人们经过国王的餐桌时必须脱帽致敬，女人们经过时必须鞠躬。

用餐地点是在国王的住所或王后的住所。在这张桌子上吃饭的人，只有法兰西国王、王后以及他们的儿子和女儿们，以及法兰西国王的孙子或孙女们。王太子们有椅子可坐，孙子辈的孩子可以“坐凳子”（仅限公爵们）。国王用手指进食，虽然在他的碟子左边摆了一把餐叉。公爵们和王子们是他的餐巾架或餐刀架。直至300人在默默地旁观国王的用餐。站立着的贵族们在那里如同身处炼狱，若有错失会遭羞辱。

“大餐”以冰冻果汁、果酱、利口酒和各种甜食开始（现在人们知道，这些甜食其实有压制食欲的作用）。然后，上水果。再接着是肉类，人们已经不再将其放在调料里煮了，而是在最后直接浇上调料。“大餐”同样以烤肉结束，烤肉在此时已变得极为松脆。在荷兰战争时期发明的荷兰调料，在此时用来配鱼。其中巨大的变革是，取消了大部分的香料，此时的人们宣称香料不过是“烹饪界的谎言”。

农学家和国王菜园的创建者让－巴蒂斯特·德·拉坎蒂尼，给蔬菜赋予了一个新的角色。此前，花菜、豌豆和芦笋等主要还是被普通百姓用来做炖菜或菜汤，之后便被搬上了国王的餐桌并且用了完全不同的烧法。拉坎蒂尼开发了 3 月份种植草莓和 6 月份种植无花果的做法，他成功种植了甜瓜和无花果，并设计了新的温室来种植橙子。御厨们发明了新的蔬菜菜谱，如炒蔬菜、炸蔬菜。

就这样，路易十四每天晚上都让自己的宾客们眼花缭乱，并让自己的廷臣们受尽侮辱。他禁止凡尔赛的贵族们聚在一起吃饭，以此打破他们自然形成的家庭连带关系，避免他们可能发生的结盟或阴谋。

全世界都在批评路易十四，因为他们只知道参加过那些宴会者所说的话。这种对斋戒规定置若罔闻的举动，令梵蒂冈方面很是震惊。新教教徒和英国圣公会教徒嘲讽路易十四是一个身边围满低俗女人的贪吃的国王，是一个压榨人民的国王。而百姓正饿着肚子受苦。中产阶级对这些铺张浪费甚是不满。

有些贵族企图要跟国王较劲，邀请国王参加他们的宴会。结果只是自讨苦吃。

1661 年 8 月 17 日，马扎然刚去世几个月，时任财政总监富凯正处于权力巅峰，他在自己的沃勒维孔特城堡（Château de Vaux-le-Vicomte，一译沃子爵城堡）招待还非常年轻的国王（时年 23 岁）。富凯的总管弗朗索瓦·瓦代尔做了四轮菜组成的一顿丰盛的晚餐。第一轮菜含有 40 来道头菜，从热面条、冷香肠到肉馅饼、鱼馅饼。第二轮菜由烤肉、烤家禽、烤野禽组成。第三轮是蔬菜类（芦笋、豌豆、包括松露在内的蘑菇）。第四轮是水果。令国王恼怒的不只是食物，还有阔气的花园。一个月之后，路易十四下令逮捕富凯。由科尔贝负责进行的调查揭露了富凯正在广泛地积聚权力。富凯被革职并被判处终身监禁，直到他 20 年后去世。

•

10 年之后，即 1671 年 4 月 24 日，星期五，孔代亲王在其尚蒂伊城堡举行了庆典仪式，安排了为期 3 天的招待活动，活动以一场盛大的宴会开始。整个宫廷都收到了邀请，其中也包括国王。城堡的主人孔代亲王因为参加过投石党运动想跟国王和解，他似乎并不害怕遭受跟富凯同样的下场，国王威武齐天，是不会那么害怕贵族的。曾经做过富凯的总管的弗朗索瓦·瓦代尔，此时是孔代亲王的大总管和厨房总监，他负责筹备盛宴。第一个晚上，两张桌子（共 25 桌）出现了烤肉没上的情况，这些客人非常惊讶。瓦代尔的荣誉和完美主义受到了打击，加上身体累得精疲力竭（据塞维涅夫人说，瓦代尔在宴会开始之前已经 12 个夜晚没有好好睡过觉了），瓦代尔陷入了绝望。于是，孔代亲王亲自前来厨房看望并安慰他。当天夜里，瓦代尔凌晨 4 点就起床了，因为要验收接下来的晚餐所需之食材。在这个时候，只有两车鱼抵达。到了早晨 8 点，剩下的鱼还没有送到，瓦代尔遂跟他的“右手”古尔维勒宣称，他的声誉将被彻底败坏并再也不可能得到恢复了，古尔维勒就此嘲笑了他。于是，瓦代尔回到了自己的房间，取下剑，捅了自己三下，自杀身亡了。就在这个时候，剩下的鱼已经陆续送到……瓦代尔被悄悄地下葬，人们没有让他遭受教会规定的自杀者须得遭受的侮辱性处理[150]，[469]。

自1690年，因为军事困境和冬日严寒，凡尔赛宫的气氛变得更加阴暗、更加沉重、更加虔诚。国王的宴会没有像以前那么受追捧了。廷臣们离开了这座城堡，前往巴黎、圣日耳曼昂莱、马莱区的酒店里寻欢。

从1710年起，国王开始受病魔折磨，日渐消瘦。批评者们很难再将他描述成胖子了。于是那些嘲讽改成了“国王正在为自己的贪吃付出代价”。

“平民厨房”宣告“革命”

在路易十五时期，凡尔赛宫的排场又开始了。但是，从此之后国王已不再独自享用晚膳。1747年2月9日，在法国王宫，波兰国王奥古斯都三世的女儿玛丽－约瑟夫·德·萨克斯作为新太子妃受到迎接，宴会成为一个新的典范，这场婚姻让法国形成了能够质疑哈布斯堡家族之影响的一种联盟。婚宴有将近200道菜上桌，包括10道大份头菜、12道瓦罐、48道普通头菜、24道中份甜食、24道烤肉（羊羔、小山鹑、鹅肉、羊肉、牛肉、雏鸡、小野兔、小牛肉）、24道沙拉、48道小甜食[470]。

在巴黎，贵族们仍在批评新国王，不过，从此之后，效仿国王之举已不用再担心会受到报复。贵族的住宅配有餐厅，顶级富豪们拥有一个管家和一个领厨，领厨会努力创新并提升凡尔赛宫的菜谱。法国式的上菜有了固定的形式，第一轮是汤和头菜，第二轮是烤肉，配沙拉，有时候也配餐间甜食，第三轮是餐末甜点。客人们还是可以在一个共用的盘子里随意取食的。

在贵族家里就跟在凡尔赛宫一样，人们再也不去遵从中世纪的那些医嘱。一顿饭不再是为了满足身体需求，而是为了美食。甜味和咸味已经成为分类的原则，不再像以前那样按照酸的和辣的来分类。已经大量地被替换成了家禽和野味的肉铺上的肉，重新流行起来。蔬菜和水果受欢迎的程度日渐提高，橄榄、松露、洋蓟，之前一直被当作水果在餐后才吃，现在变成蔬菜了。跟在凡尔赛宫一样，在平民和贵族的乡下房子周围，也开发出了果园。全年都有梨可摘。以前人们对松露和蘑菇还不敢放心去吃，现在却是热衷不已。

相反，出现于 1746 年的观念“平民厨房”预示着一个新的社会阶层的诞生，这个阶层与那种盛大的美食及其夸张到荒谬的做法是相对立的。“平民厨房”的观念以《平民灶台》一书为标志，该书作者梅农是当时巴黎的一位大厨师，他主要是以他的一些书而出名。《平民灶台》主张极简主义，主张在味道和廉价的食材上下功夫。这本书获得了巨大的成功，在 1746 年到 18 世纪末之间重版了 60 多次。有产阶级在自己的厨房里当家做主，自己决定口味、价值，自己决定想吃什么，想看什么，想说什么[28]。

对民众来说则还要更加简朴，面包是主粮，做面包的材料有黑麦、燕麦、小麦与黑麦的混合麦、荞麦，以及极少见的优质软粒麦。黑麦在 18 世纪欧洲人消费的谷物类中占了 40%。传入欧洲的土豆还没能动摇流行的食材的地位。底层百姓也吃蔬菜汤、谷物粥，以及极为难得地吃到数量很少的咸牛肉。

普通百姓的用餐时间比较稳定，而富人们的用餐时间却越来越晚。在巴黎，平民的正餐推迟到了18点。在17世纪的英国，正餐的时间接近11点，到了18世纪后半期，更是推迟到了14点。

在北欧和东欧的国家，富人们的用餐，就像希腊的宴会那样被分成两个阶段（吃饭的阶段和喝酒的阶段）。尤其是在英国，在男人们面前被摆上第二杯酒之后，女人们就会离开餐桌。

喝苏打水吧，切勿喝酒

当时在欧洲，非酒精类饮料的生产和贸易，跟来自阿拉伯半岛的柠檬水一起不断地发展。

1676年，路易十四设立了柠檬水贸易公司，授予这家公司该饮料的专营权。这些商人背着柠檬水桶在首都的街头到处穿梭[240]。

人们开始人工生产汽水，从古代开始，大家就已经知道其助消化的功效了。汽水的生产是密切地跟碳酸气的发现有关系的，碳酸气可以让水汽化。根据化学家们的定义，这种碳酸气先后被称为："森林之精"（范·海尔蒙特）、"弹性空气"（维奈尔）或"固定空气"（布莱克），最后于1780年在拉瓦锡的专业术语中变成了"二氧化碳"。"苏打水"（soda）这个词在英文里指的是"苏打"（soude），意思是可以借此获得碳酸气的碳酸钠（carbonate de soude）。

1768年，在利兹的一个啤酒厂里，英国化学家约瑟夫·普里斯特利观察到，在啤酒的酿酒桶上面悬放一碗普通的水，可以让水分解出二氧化碳，这是从麦芽发酵中冒出来的碳酸气，该气体让水汽化。在1772年，通过将几滴“矾油”（硫酸）滴到几块石灰上面这种实验，他得出了一种获取二氧化碳气体的方法并将之提交给了伦敦皇家学会[241]。

1783年，德国金银器商人约翰·雅各布·施韦佩，在日内瓦药学家亨利-阿尔贝·高斯和瑞士工程师尼古拉·保罗的协助下，在日内瓦创建了名为“施韦佩”（Schweppes,国内中文品牌译为“怡泉”，译者注）的一家企业，用来对普里斯特利的方法进行工业生产，这家企业于1792年移到了伦敦。草药、香料、香气很快就添加到产品里面。这种“施韦佩”生产的汽水在药房出售，按医嘱用来治疗肾病、胆囊疾病、消化不良和痛风。产品很快就大获成功[240]，[242]，[243]。这是世界上的第一种苏打水。

在此期间的亚洲，宴会和饥荒

中国医生竞相发明有医疗功效的食物。

在公元14世纪的元朝，蒙古太医忽思慧率先清楚地描述了营养不良导致的相关疾病，以及通过饮食习惯来进行的治疗。在1331年，他发表了《饮膳正要》，建议在晚间不要吃太饱并专门列明了孕妇的食物禁忌。其中名为《食疗》的那一章介绍了95道菜谱及其对应的疗效[33]。食物没有出现变化，依旧还是大米、面条、蔬菜、鱼、昆虫、一点点肉类。饥荒现象并不罕见。

在17世纪末，中国进入一个政治稳定时期，主要体现为由欧洲商人传入的新作物（红薯、高粱、玉米）和传统粮食（小麦、大麦、黍、大米）的农业产量提高了。从此，一年四季都有收成，中国人可以更加泰然地越冬。

猪和家禽的饲养发展了，自公元前 5 世纪起在中国发明的鱼类养殖业在人工灌溉地区流传开来。于是，农民们不仅吃得更多，而且也更好了。

在清朝（1636—1912 年），皇宫里的日常用餐都非常丰盛，有 50 多道菜。1720 年，庆祝满汉两族团结的一场宴会汇聚了满汉最珍贵的美食，美食总数达 100 道以上，其中有猩唇、象鼻、海豹和孔雀。1761 年，在乾隆皇帝 50 岁生日大庆之际，盛宴安排了 800 桌[262]。

在印度，大部分农民只能吃一些营养价值很低的粮食（黍或“鸭脚稗”）。如果季风没有带来粮食种植所需的雨水，这种极不稳定的平衡关系就会被饥馑横扫。在 1769 年至 1770 年期间，几乎有三分之一的孟加拉人即 1500 万人死于饥饿[66]。

在美洲，移民比英国人吃得好

在欧洲人定居于美洲之际，北半球的美洲印第安人部落吃四季豆、玉米、南瓜和大野味（烟熏或晒干的野牛和野鹿）。

生活在次大陆西南部的干旱地区的部落也种植辣椒。生活在太平洋沿海附近的部落也吃兔子、鲑鱼、蛤蜊和灰鲸。大平原上的部落猎杀野牛，方法是把它们引到某个悬崖边上。在大西洋沿海地区，人们捕蓝蟹、鲑鱼、牡蛎和鳌虾。

在北美洲的第一代欧洲移民带去了他们自己的食品和饮食习惯。英国人带去了蔬菜（胡萝卜、豌豆、白菜、洋葱）。瑞典人引入了黄萝卜，就是后来的大头菜。荷兰人带来了鲱鱼、鳗鱼，还有后来变成“曲奇饼”（cookies）

的干饼和后来变成“油炸圈饼”（donuts，即甜甜圈）的面球。

起初，对欧洲人来说，要适应这个新环境非常困难，因为他们不懂得狩猎，狩猎在欧洲仅属于上流社会顶层的一种活动。从17世纪末期开始，他们将美洲印第安人的食品融入了他们自己的饮食习惯。就这样，这些“新英格兰”的移民也发现了鲱鱼、鲑鱼和鳕鱼。

一个世纪之后，这些在美洲的移民吃得要比英国人好很多，甚至在他们抵抗英国政权的时候，这些美洲士兵要比他们的法国盟友和英国敌人更加高大和强壮。

费城的约翰·贝尔博士在1793年写道：这些最早的美国人是一些大胃王，因为他们生活在食物极为丰富的环境里。

1794年，一家早期的餐馆在波士顿开张，无论是在服务方面，还是在菜肴方面，都沿袭了巴黎人的惯例。

巴黎最早的餐馆，交谈和颠覆的场所

当欧洲的旅店还只是提供给客人一道菜的服务之际，一些针对富人的场所，此时出现了给顾客提供按照菜单点菜来服务的想法。

在已经变成欧洲头号强国的英国，伦敦的旅馆已经成为管理相当有序的机构，甚至是奢华的机构。与之相反，在法国，客栈还只是穷人光顾的场所[28]。但这种情况很快就将改变，社会越是自由，旅馆业就越是兴隆。旅馆仿佛是民主进步的一个符号。法国的美食——此时还不叫美食——将在欧洲占据主导地位。通过从英国人那里借鉴的为有钱人开设旅店的想法，法国人开出了专为富豪们服务的“餐馆”。

法语中“恢复”(restaurer)这个动词源自拉丁文“staurare”，意思是“放稳，增强，巩固，拦围”，再加上前缀“re”（“再次”）。也可以在梵文“sthura”一词中找到来源：“固定的，坚定的，强大的”[229]，[330]。

在18世纪，“餐馆”（restaurant）这个词首先指的是某种浓汤，具有滋补体力的疗效，由巴黎普利埃大街一个名叫布朗热的咖啡店老板从1765年起开始提供。后来，这个词就指称为人们提供这种浓汤的地方。

最早期的“餐馆”之一是“普罗柯比”，它已经成为启蒙运动人物的聚集地，其中有狄德罗和达朗贝尔。孟德斯鸠在《波斯人信札》中曾提到了这个地方，本杰明·富兰克林是这里的常客。在此，人们可以听到各种交谈主题，其中有“生机论”，即对拥有“生机”的人来说，它是一种在简单的物理和化学规律面前不会减少的活性物质，因为某种“活力”存在于这种物质规律之中。许多因素，比如有害的食物，会损害这种活力。后来我们会看到，“生机论”对现代饮食产生了巨大的影响。

旅馆业跟餐馆业在同步发展。狄德罗和达朗贝尔的《百科全书》在18世纪中期是这样来定义一家旅馆的：“由为旅行者或在某座城市逗留几天的人提供吃饭和住宿所必需的房间、马厩、院子和其他场所构成的某种建筑物。”

在18世纪末期的巴黎，餐馆已经大量出现。贵族和平民（而且不再仅仅是穷人）都去餐馆并在里面自由交谈。餐馆里面的菜品颇为精致，小桌子盖着桌布。呈给顾客的是写着菜肴的单页菜单，还会有一份“待付账单”。最有名的厨师都离开了王府，自己去开餐馆了。

就这样，1782年，先后为孔代亲王（后）和普罗旺斯伯爵做过私人厨师的安托万·博韦利埃，离开了雇主，在巴黎创办了“伦敦大酒店”，并提出“像在凡尔赛宫那样吃饭”。他出版了《厨师的艺术》一书，该书很快就成了一部经典的法国烹饪专著。1786年，巴黎最有名的餐馆是在爱尔维修街（今天的圣安娜街）的“三兄弟”，在此，可以吃到鳕鱼和普罗旺斯鱼汤。1789年，巴黎共有100多家餐馆[28]。

就是在这个时期的英国，第四代三明治伯爵约翰·孟塔古，在两片面包之间夹了冷肉，外交官和商人们当时就用一个“英式碟子”来吃。这会给交谈带来一个致命的打击。不过，那是在很久之后人们才发现了这一点。

饥荒，起义和革命

吃饭的方式再一次影响了历史和地缘政治。而且，穷人在食物上的匮乏和强者在餐桌上的对话再一次引发了一场革命。

1709年，在法国，一个极其严寒的冬天里的一场大饥荒造成了60万人，即全国人口的3%死亡。饥荒也导致面包价格上涨了10倍，同时引发了全国性的骚乱。1725年是个极端多雨的年份，尤其是在法国北部地区，民众没有怨恨老天爷，反而是怨恨那些面包商、朝廷代理人（收税员）和国王本人，认为他们是粮食囤积者和饥荒制造者。法国人甚至深信，国王在凡尔赛宫里藏了粮食。有一幅叫“饥荒公约”（参照了跟西班牙和法国的波旁家族有关的“家庭公约”）的漫画在到处传播。1745年，甚至在巴黎有谣言在流传说，路易十五要消灭10岁以下的孩子，要在凡尔赛的地窖里将他们杀了，然后去吸他们的血、吃他们的肉，以此让自己返老还童，或是治疗其患了麻风病的儿子。

在18世纪末期，因为气候、社会动荡、财富垄断等原因，欧洲的平民阶层吃得越来越糟糕，几乎见不到肉了。牲畜的宰杀数量在减少，在1770年的那不勒斯，40万居民共宰杀了2.18万头牛，而在16世纪，仅20万居民就宰杀了3万头牛。

此外，因为关税壁垒和交通发展缓慢造成市场分散，从而导致了粮食价格高低不一，这也会更容易引发饥荒。

将近1770年时，药学家和农学家安托万·帕蒙蒂埃对当时还没有多少人食用的土豆的营养价值深信不疑，遂向路易十六建议，在巴黎周围种植土豆，并且只在白天派人看管，以便百姓在夜间去偷挖。于是，土豆进入了工人和农民的食品行列。但是，这也不足以减少饥荒的发生[214]。

1774年，被任命为财政总监的杜尔哥推翻了这种政策。他放开了粮食价格，试图以此提高产量。可惜的是，接下来的冬天是18世纪下半叶最恶劣的冬天，收成糟糕至极。粮食价格在暴涨，引发了新的骚乱。

1787年也是雨水偏多和洪水频发的年份。翌年，在严重的干旱之后又来了一场冰雹，大部分的收成被摧毁。就像10年之前那样，面包价格再次被哄抬（在1787年和1789年期间涨了75%），导致在法国农村地区再次发生骚乱。

1789年6月，小麦价格涨到了18世纪的最高水平，这激发了农民的新一轮愤怒。这些农民当时占法国人口的四分之三。农民们跟有产者结成同盟，起来反对当权的达官显要们。大革命就这样开始了。

饥馑并没有随着巴士底狱被攻占而宣告结束。在大革命期间，法国人的饮食还是因为粮食匮乏而无法稳定。他们主要吃白菜、萝卜、蚕豆、肥肉皮、牛和羊的下水。马拉试图终止对土豆的征税，并要求在巴黎空地上，甚至包括在杜伊勒里宫的空地上种上土豆。罗伯斯庇尔反对这种做法，借口所谓的危害性，下令拔掉了这些植物[273]。

1792年，在圣多明各岛（当时产出世界糖量的一半），奴隶起义导致整个欧洲的糖的供应被终止。在巴黎，一斤糖的价格在一个月内上涨了50%。糖商们被控告故意制造供应短缺，此时小麦供应也短缺。1月23日，戈布兰分区向国民议会告发“大量敛财任凭饥荒惨象肆虐的贪得无厌的投机行为”。巴黎民众以起义来反抗这些“囤积居奇者”，并洗劫了这些食品杂货店[42]，[71]，[249]，[250]。

大革命和资产者宴会

聚餐依旧是一种权力的象征、一种新权力的象征。

在1780年至1790年期间，世界人口已经达到7亿。此时荷兰人做出了表率，他们在举行反抗奥兰治家族（la famille d’Orange）统治的起义时，借机组织大型宴会，在宴会过程当中，资产阶级精英们表达了对省总督的反对态度和对共和政体的支持。吃一个橘子（orange）变成了对该同名家族进行反抗的符号[115]。

受荷兰这些革命者聚餐的启发，法国革命者（资产者）的聚餐也开始了。1789年7月18日，维莱特侯爵在《巴黎纪事报》上写道：“我希望，所有巴黎的资产者在公共场所都搭起他们的桌子，并在家门口吃饭。这样，富人和穷人将可团结起来，而且所有等级都会模糊化。……国家将会撑起它的巨伞庇护大家[99]。”1789年7月26日，在巴士底狱的废墟上举行了一场平民宴会。在攻占巴士底狱第一个周年庆之际，除了在战神广场举办庆典活动，人们在拉米埃特公园也组织了一场数千人参加的宴会[251]。

然而，这些宴会很快就变成了尚未稳定的政府无法控制的暴乱场所。作家路易-塞巴斯蒂安·梅西耶在这些“平民晚餐”中，看到了某种笨拙的、被迫去掩盖社会不平等的企图，“每个人都不想遭受怀疑，不想被宣称为平等的敌人，只得来参加聚餐，坐在一个自己讨厌或鄙视的人边上。富人极力在自己的餐桌上装穷，穷人则耗尽财力来掩盖自己的寒酸。一边是嫉妒，一边是豪饮，这些所谓友爱的晚餐就变味成了狂欢，不满的情绪无所不在[4]。”在1794年1月，罗伯斯庇尔对此极为不安，从中猜出了某种要反对他的骚乱风险，遂在发生之前及时地禁止了这种“平民晚餐[251]”。

专为富人服务的餐馆在巴黎的重新开张，意味着恐怖统治时期的结束。贵族烹饪的才能在这些奢华的餐馆里得以重现，其中有“富人咖啡馆”（Café riche）或“英国咖啡馆”（Café anglais）。巴黎的餐馆数量从1789年的100家增加到了1800年的600家。在里昂的白莱果广场和在波尔多的图尔尼大街也都开了餐馆[28]。

美食外交

“美食”（gastronomie）这个词可能是一个名叫约瑟夫·贝尔苏的人在1801年发明的，他写了一本书，书名叫《美食或餐桌上的田园人》。

拿破仑讨厌在餐桌上浪费时间，他在餐桌上花的时间不超过15分钟。对他来说，在饮食上所耗费的时间属于某种形式的“权力腐败”。他只喜欢一些简单的菜肴：菜汤、各种做法的鸡肉、土豆、扁豆、奶酪面条。他几乎只喝掺过水的香贝坦红葡萄酒。

皇帝让塔列朗及其厨师卡雷姆负责他的外交宴会。卡雷姆会用比欧洲其他地方口味更淡和辣味更轻的调料来做出精致的菜肴，直筒无边高帽也是卡雷姆发明的。执政府的第二执政康巴塞雷斯以需要给外国外交官和元首提供高档菜肴为由，也要求给他本人提供高档菜肴，对此，拿破仑还鼓励他说：“拿去吧，何况这是以法国的名义[524]。”

绝对具有嘲讽意味的是，拿破仑的这种指示在1815年滑铁卢战役之后，由路易十八在明确法国已经战败的维也纳会议上仍旧在执行。还是塔列朗，被路易十八委派代表国王跟战胜国进行谈判，塔列朗跟国王说：“陛下，我需要的是更多的平底锅，而不是指示[282]。”在整个维也纳会议期间，甚至虽然是在英国人获胜的情况下，塔列朗的大厨还是将整套法国烹饪卖弄了一番，包括100道各种冷的和热的头菜、汤、海鲜（牡蛎和螯虾）、各种肉类、餐间甜食、糕点（尤其是做成宫殿形状的）、奶酪。塔列朗甚至组织了欧洲最佳奶酪评选，其中法国的布里干酪获奖。如果说美食是法国人的，那么上菜的方式是俄罗斯式的，菜品不再像法国式上菜那样同时上桌，而是相继端上桌了[282]。

这是欧洲美食的巅峰时期。而且即使大不列颠王国将在 19 世纪占据主流位置，其烹饪也几乎没有在这个世界上留下什么痕迹。

第五章

豪华酒店的美食和工业化食品

19 世纪

前已述及，游牧民族为了满足吃饭的需要，发明了早期的工具和早期的武器。吃饭体现了权力和贫穷，体现了强大和愤怒。至少是从人类掌握取火技术以来，饭桌属于社会组织管理和对话的主要场所。首先，吃饭要根据宗教所确立的规则，然后是根据君主们所确立的其他规则。而且，在人类开始定居之际，很多重要的发明是为了改善食品的生产条件才会出现，比如犁铧、犁、风车、尾舵以及其他许多东西。根据太阳和星星的运行规律，人类吃饭的时间越来越固定。

18 世纪末期，在欧洲各处，资产者们都可以吃到最富有的贵族们享用的饭菜，餐馆此时已变成了王公们的餐桌的替代品。人们可以在餐馆里更加自由地交谈。大量的思想自然也就在餐馆里诞生。

在平头百姓中间，男人们开始要去工厂上班，背井离乡的生活导致食品开始流动以及人们相互之间的联系被割断，饭桌渐渐地变得不再是交谈的场所。

人们开始向农业产品的工业化生产过渡，然后是食品的工业化生产，以便来满足越来越多的消费者的需求。权力从土地所有者的手中向工业资本拥有者的手中过渡，即使土地所有者还拥有巨大的权力亦是如此。

直至有一天，慢慢地变成了世界经济中心的美国，通过将食品工业化来强行降低食物成本，以便让其平民阶层把他们工资的主要部分都花在其他的消费领域，而不是花在食物方面，这种做法极为深刻地改变了与食物密切相连的交谈和饭桌的性质。因此，也改变了食物构建起来的这个社会的性质。

工业化从食品供应开始

一直以来都是如此，总是在需求变得越来越迫切之际，能够满足需求的科技才会突然出现。

19世纪初期，世界人口首次达到10亿，欧洲人口的飞速增长、军队数量的增加、工业发展和农业生产力的提升，都将巨大的人群推向城市。这些人群需要在外边吃饭。为此，需要想到一些办法来提前准备食品和储存食品，这些食品也将渐渐地流向全世界。因为背井离乡，这些人会吃得更加糟糕，而为了更多的生产，乡村的污染也更加严重。人群中的一部分人又重新变成了流浪者。

这种情况以几种理论发明开始，这些理论发明用了几十年的时间来验证且花了更多的时间来真正地得以付诸实践。在1802年，一个俄国医生奥斯普·克里切夫斯基发现了将牛奶放在一块热板上转化成奶粉的方法[57]。同一年，德国化学家察可斯·温兹勒发明了第一台煤气灶样机[69]。3年之后，在费城的一个美国修车工和鞋匠的儿子奥利弗·埃文斯提出了第一台压缩制冷机的概念，其原理是通过水蒸气活塞来令乙醚气体膨胀[26]。这些发明要变成现实中的应用并在全世界范围打破传统饮食的方式，几乎还需要一个世纪的时间。

欧洲军队的需求倒是更加快速地推动了饮食的变化。军队不仅仅改变了打猎的方式（猎枪的改进也促进了军用枪支的发展），也推动了战斗中食品供应方式的变革。

在1810年，法国糖果商尼古拉·阿佩尔发明了一种食品储存的方法，他将食品放在密闭的玻璃桶里加热，这样做可以除掉氧气和微生物。拿破仑认为这项发明可以给军队的伙食方面带来巨大的好处，就给尼古拉·阿佩尔颁了一个大奖和一笔1.2万法郎的奖励[388],[389]。根据国家的要求，尼古拉·阿佩尔将自己的方法详细地写入了书中，书名叫《家庭必备手册或保存一切动植物数年之久的方法》。同一年，一个法裔英国人皮特·杜朗注册了这项专利。在后来针对俄国进行的战争中，拿破仑就没有使用罐头食品来为其军队提供伙食了。

次年，英国禁运再次切断了从安的列斯群岛到法国的蔗糖供应。面对这种情况，同样是拿破仑，拿出了100万法郎作为高额补贴，并且规定无论是谁，只要能够在法国找到大量生产食糖的方法就可以享受4年免税的政策[239]。企业家本雅明·德勒赛尔和化学家让－巴普蒂斯特·盖鲁埃尔，借助其他化学家（德罗斯内、费纪耶、巴鲁埃尔、帕尔西、德国的马格拉夫和阿夏尔）、企业家（格莱斯佩尔和德里斯）、农业学家（帕蒙蒂埃）的成果，找到了一种以甜菜为原料来制糖的有效方法，此前甜菜还只是用来喂养牲畜。一切进展都非常快速，1812年1月2日，皇帝观看了第一次实验，实验非常成功。1812年1月15日的法令决定创建5个皇家制糖工厂并扩大两倍的甜菜播种面积。对甜菜的不信任和来自安的列斯群岛集团的压力阻碍了这种蔗糖的生产，到1814年其产量仅为4000吨。不久之后，提交给国民议会的一项法案甚至企图禁止甜菜制糖。这项法案最终以微弱的多数票被否决[97]。这属于农业产品行业的压力集团对政治产生影响的早期例子之一。当然，这不是最后一个例子。

在1817年，还是尼古拉·阿佩尔，即在7年前发明了食品储藏方法的糖果商，发明了最早的白铁罐头盒子[388]。这一次，他自己注册了专利。在1826年，英国人詹姆斯·夏普申请了煤气灶的专利（德国人温兹勒在1802年没有申报专利），很久之后他才开始大规模生产，而且从1851年的世界博览会开始，这个产品才变得极为畅销[69]。

接着，出现了最早期的工业化生产的食物。在1836年，在马恩地区的诺瓦榭勒镇，某个叫安托万·穆尼埃的人在一个面粉厂改造的工厂里，生产出了第一板巧克力（包着黄纸的6条半圆柱体巧克力）。1847年，英国企业家弗朗西斯·福瑞将这种巧克力板改成了当今我们所看到的形状[245]。同一年，让－罗曼·勒费弗尔携其妻子宝丽娜－伊莎贝尔·尤蒂尔在南锡创办了名为“LU”的一家企业并在南特生产饼干[316]。也是在同一年，德国化学家尤斯图斯·冯·李比希发明了固体牛肉汁，为的是“改善最贫困百姓的饮食”。为了大量生产这种牛肉汁，他还收购了乌拉圭的一家工厂[246]。

在1848年，在美国的缅因州，一个森林工人约翰·培根·柯蒂斯发现，美洲印第安人用云杉树脂洗牙齿。他利用这一发现发明了口香糖[471]。

化肥和巴斯德灭菌法

在19世纪中期，世界人口已达13亿，而很多发明还没有得到充分的应用。这些发明对于养活越来越多涌向欧洲城市的乡村人口来说起不到什么作用。他们要面临农业食品生产的减少问题（比如面临染料等收益更高的植物种植的竞争），还要面临食品运输的困难和价格的提升等问题。

为了养活这些外来务工人员和城市人口，土豆便发展成了主要食品。土豆也用来生产酒精，土豆皮用来喂猪。但是，一种叫作霜霉菌的寄生虫让土豆种植受到了毁灭性的打击，在 1845 年至 1852 年期间，爱尔兰约有 100 万株土豆被毁。由此，数百万的爱尔兰人当时不得不移民到美国和澳大利亚[201]，[202]，[203]。

从这个时候起，人们开始使用磷酸盐来给土地施肥。在欧洲，第一家氮肥和钾肥工厂于 1838 年在瓦朗谢讷创建。因为这些早期的化学肥料，欧洲的粮食产量得以提高，消费量也待以提高。在法国，1835 年时每人每年的粮食消费约为 80 公斤，到 1905 年，人均消费量增加了一倍。小麦慢慢地替代了黑麦、小麦与黑麦的混合麦、荞麦，后者在 1830 年时还在欧洲的粮食消费中占据 40% 的量，到了世纪之交的时候则已经被逐步淘汰。

在 1850 年，德国生理学家雅柯夫·摩莱肖特在《人民食品学》中解释说，饮食决定一个人的身体发育、意识和思想，因为人所吃的食品主要被转化为思想的养料。摩莱肖特尤其对土豆嗤之以鼻，认为它会促进一个人的依赖性，因为土豆会削弱人的体力，无法给人的肌肉提供充足的滋养。更有甚者，它还会削弱人的心理，因为它会令大脑更加脆弱，从而降低人的意志力[16]。

同样是在 1850 年，哲学家费尔巴哈在《革命与自然科学》中重拾了这些论点，他解释道，饮食创造了身体与灵魂之间的关系，决定了精神健康和活力，并且决定了一个人的教育以及精神状态。“人的食物属于人的精神状态和文化的基础。……一个人会成为什么样的人取决于他所吃的是什么”。他还将 1848 年革命的失败归咎于吃土豆的缘故[29]。

对于摩莱肖特和费尔巴哈来说，人类社会、文化、政治的发展是通过饮食的改善来实现的[16]，[29]。

卡尔·马克思对这种理论的论述有所不同，他将人比作是一种热力机器，食物则是机器运转的能量。

此时，各种发明也相继问世。1859 年，美国人乔治·B. 辛普森注册了用铂丝线圈和电池来加热的电子加热器专利[314]。1863 年，拿破仑三世委托化学家路易·巴斯德找出抑制葡萄酒中“醋生膜菌”（mycoderma aceti）繁殖的方法，因为这种细菌容易将葡萄酒醋化。巴斯德观察到，当酒液被加热到 57℃时，酒的变质情况就会减少。但葡萄酒工艺学家的不信任导致巴斯德的灭菌技术（将某种食品煮到 65℃至 100℃，然后再迅速冷却）没有在葡萄酒领域发展起来，而只是在牛奶领域中得到了发展[235]。

在这个时期，许多盎格鲁－撒克逊昆虫学家试图用吃昆虫的好处来说服欧洲人，可惜没有成功。或许，他们对在英国的一些殖民地，比如在美洲、非洲和亚洲的食用昆虫印象深刻。美国人查尔斯·瓦伦丁·莱利，人称“密苏里州首席昆虫学家”，因为蝗虫正在毁灭落基山脉的农作物，遂建议大家以食用蝗虫的方式来抵御蝗虫的入侵。1885 年，英国昆虫学家文森特·M. 霍特出版了《为什么不吃昆虫呢？》。他认为，昆虫可以作为贫困者的补充食物。他在明显参照了殖民地的做法后写道：“虽然这些人中的大部分没有文化，但是在食物质量方面，他们比我们都还要挑剔。看到我们吃很脏的动物，比如猪肉或生的蛤蜊，他们会非常恐惧地看着我们，他们的这种恐惧，远比我们看到他们喜欢吃烧得很好的蝗虫或棕榈树上的虫子所表现出来的恐惧要大得多[172]。”

在 1858 年，比利时数学家和现代统计学家、现代统计学和差别心理学的创始人之一阿道夫·凯特勒（他提出了个体之间的品格差异是根据高斯曲线来分布的假设），发明了“IMC”（indice de masse corporelle），即身体质量指数，提出了体重“正常性”的测量方法。

为了养活军队，英国人在爱尔兰开发出了“盐腌牛肉”（corned beef），就是将牛肉用盐水腌渍并装在罐头盒子里。这种生产量非常大的产品可以给卷入奴隶贸易的英国海军提供不会变质的食物储备，继而也供应给了正在进行第二次布尔战争和克里米亚战争的英国部队[116]。

1860 年，约瑟夫·马林在伦敦开出了第一家只提供“鱼和薯条”的餐馆[244]，鱼是外裹面包粉的炸鱼，菜谱是由西班牙和葡萄牙的犹太人移民在 16 世纪带到伦敦的。餐馆可谓门庭若市。工人们会来餐馆买上一份并趁休息时间在工厂外边食用。他们会在早上留一个篮子在餐馆，下班离开工厂时将其带回家当晚饭吃[74]。相同的餐馆在全国各地相继开出。尽管英国有一句格言说道：“千万不要在看不见海的地方吃鱼[244]”（害怕运输时间太长会让鱼变质），但铁路和储藏技术的进步已经让英国人在国内各地都可以吃到鱼了。

蒸汽船的诞生大量地减少了鲜货的运输难度和成本。从此之后，鱼、肉、香蕉、橘子等就都能够走海运了[28]。在 1861 年，法国工程师弗朗索瓦·尼科勒在澳大利亚创建了一家肉类冷冻工厂。1876 年，命名为“Frigorifique”的第一条冷冻船从阿根廷运了牛肉、羊肉和禽肉到勒阿弗尔。

英国东印度公司，直至 1834 年都享有英国茶叶贸易的垄断权，他们在印度设立了茶叶加工厂，盗取了中国的茶树和茶叶加工技术。在 1870 年，中国茶叶尚占英国茶叶供应的50%，而到了1900年，印度的茶叶供应已占英国茶叶供应的90%。

食用油、食糖、黄油、咖啡、茶叶和奶酪，此时均开始成为工业化产品。

孩子们的食物

在1860年，为解决儿童营养不良问题而发明的含乳面粉开始投入市场，这个市场很快就变得很大，含乳面粉也成为婴儿的专用食物。

人们首先开始工业化生产新生儿的产品。1866年，瑞士药学家亨利·内斯特发明了专门供给新生儿的一种含乳面粉（当时所有的婴儿都只喝母乳）。他创建了一家以自己名字命名的公司，该公司在次年还开始生产巧克力[356]。

在法国，学校食堂于19世纪中期开始出现，这是家长和老师们发起的，并受到了市政府的支持，但是，尚未得到国家的支持。在市长的推动下，在拉尼翁出现了第一个学校食堂，目的是给有需要的儿童提供帮助：在一个收容所（旧时的幼儿园）里提供餐饮。在1863年，有超过450个收容所在配发餐饮。

1869年，公共教育大臣维克多·杜律伊要求各省省长尽最大努力完善收容所的餐饮供应，他指出“在收容所里的儿童，大部分都来自很贫困的家庭，常常是穿着很差且吃不饱[151]”。

不久之后，在1879年，英国在曼彻斯特最早开始提供在校就餐的帮助。很快地，伦敦初级教育委员会和一些慈善组织开始投入到这项工作之中：在学校里提供低价餐饮，甚至是免费的餐饮[354]。

在法国，随着儒勒·费里的教育法（1881 年至 1882 年）的实施，免费和义务的学校教育被确立。从此，学校的普及带动了学校食堂的普及，因为大量的小学生无法在中午的时候回家吃饭[353]，[354]。

美国人登陆：苏打水和自动售卖机

在欧洲各地，酒精的消费在增长。在法国，从旧制度末期到第二帝国结束期间，葡萄酒的生产和消费从每年每个成人 91 升增长到了 162 升，葡萄酒的酒精度也提高了。在英国，每个成人的啤酒消费从 1860 年的 113.7 升，增长到了 1876 年的 154.6 升。在德国，啤酒的消费从 1850 年每个成人的 40 升，增长到了 1900 年的 113 升[28]。

在盎格鲁－撒克逊世界，这种增长招致了反酒精运动，他们希望能够减少酒精消费转而鼓励咖啡和茶叶的消费，或是增加汽水和苏打水之类的工业化饮料的消费，后者的主要秘方（在“施韦佩”的秘方之后）继续由药剂师来发明。然而，在工业化饮料越过大西洋之前，都还是开始于巴黎。

1863 年，在巴黎，一个年轻的药剂师助手，安杰洛·弗朗索瓦·马里亚尼，在医生皮埃尔·佛维勒的协助下，调制出了一种用秘鲁古柯叶浸泡在波尔多葡萄酒中的制剂。医学界一致认同以“马里亚尼酒”为名的这种制剂的功效，并大量开出这种药剂来治疗流感、神经焦虑、贫血、睡眠不佳、体虚、抑郁和消化不良等病症[103]。这种药剂还出现在了维多利亚女王和教皇莱昂三世、教皇庇护十世等的餐桌上。左拉也曾兴致勃勃地谈论过它。奥古斯特·巴特勒迪刚完成自由女神像的设计时声称：“古柯酒好像增长了我们的能力，也许，如果我 20 年前就喝到它的话，自由女神像应该能够达到 100 多米高了[269]！”在 1876 年，《内外科医疗杂志》（*Revue de thérapeutique médico-chirurgicale*）曾写道：“在法国，人们经常使用古柯酒，大有取代金鸡纳酒作为补酒的趋势，它更加容易被胃接受并在味觉上更加舒服。马里亚尼先生因为发明了这种完美的制剂，对古柯酒的普及贡献很大[528]。”

在美国，这种酒很快就被用来治疗一种新疾病。这种疾病产生于美国南北战争之后的大规模工业化生产时期，在当时被命名为“神经衰弱”（neurasthénie），据说其特征是由身体和精神的高度疲劳所引起的。为了治疗这种病，到处都出现了一些疗效虚假的“神药”（被称为“秘方”或“江湖药方”），而且冒出了一批拉着小车在整个西部穿梭的“神医”。这些药的主要成分由酒精、吗啡、鸦片和可卡因构成。

在 1885 年，当时在亚特兰大是禁止喝酒的，该城的药剂师约翰·彭伯顿是位参加过南北战争的老兵，曾经使用吗啡来缓减疼痛，结果遭受了上瘾之苦。他在受到当时已经在美国极为流行的马里亚尼酒的启发后，发明了不含酒精的“彭伯顿的法国酒可乐”。这种饮料里面不仅含有古柯酒，还含有可乐仁（可乐果树的果子，该树种植在西非和中非）。彭伯顿声称，他的制剂也能够治愈各种疾病，包括神经衰弱和胃反酸（在美国社会，因为吃太多肉和淀粉食物，胃反酸病极为常见）。一年之后，即在 1886 年，他对配方稍微作了修改，用“Coca-Cola”这个名称对他的制剂进行了商业化运作。很快地，这种制剂就像吉祥饮料一样在白人和富人圈子里站稳了脚跟。1904 年，在配料清单中，可卡因被撤除[56]。直至今天，可口可乐的配方还是被小心翼翼地保密着。同一年，另一位药剂师，加拿大人约翰·麦克劳林发明了“Canada Dry”（加拿大姜汁汽水），即用生姜做的含气香味饮料（ginger ale）。

1887 年，德国工程师马克斯·西拉夫在柏林申请了食物自动售卖机的专利，这种机器可以让人花几块钱买到一道热菜和一种饮料。通过跟德国一家名为“吉布达·施多威克”的糖果企业合作，在 1890 年，马克斯·西拉夫就在德国安装了 1 万多台机器[228]。这些机器很快就遍布于各种工厂和办公楼。

1898 年之后，还是在柏林，“Quisisana”成为世界上第一家没有服务员的餐馆，店员会在自动售卖机后面补货。1902 年，约瑟夫·霍恩和弗兰克·哈达特在费城开出了一家相同模式的餐馆，取名“Automat”。这些餐馆都没有取得成功，即使他们宣称是工业化餐饮，但真正的工业化餐饮还要过一阵子才会到来[68]。

1889 年 6 月，根据最著名的说法，厨师拉法埃莱·埃斯波西托有幸为意大利王后萨伏伊的玛格丽塔做一份烤比萨，他使用了西红柿、莫泽雷勒干酪和罗勒。这份做出来的比萨的颜色刚好是意大利国旗的三种颜色。玛格丽塔比萨（pizza margherita）由此得以诞生。

1890 年，新西兰人戴维·斯特兰奇发明了今天的速溶咖啡。1901 年，日裔美籍化学家佳藤悟里（Satori Kato）在芝加哥发明了最早的质量稳定的速溶咖啡粉的生产方法[472]。

里兹先生和埃斯科菲耶先生创办豪华大酒店

虽然“美食”这个词刚被发明出来，但欧洲和美洲的富人们一直都在追求美食的新巅峰，追求这种享乐和相互交谈的新领地。

欧洲的中产阶级此时已经富裕起来，足以吃得很好，但是，还不足以在家里雇用厨师。他们开始光顾此时在富人街区里开出来的豪华餐馆。他们在这些餐馆里炫耀自己，高谈阔论，在那里构建他们自己的权力和同盟。其中，既有商务为主的午餐，也有旨在结盟的晚餐，还有婚宴聚餐。

其他的新生事物还有很多，尤其是这些富人们开始以出外旅游为乐。整个欧洲的贵族，尤其是英国人，将这种诞生于 17 世纪的做法延续了下来，在 19 世纪中期养成了当时被称为“壮游”（le grand tour，“旅游”一词源于此）的习惯。他们在瑞士，或在法国和意大利的地中海沿岸区域度长假。度假期间，他们会租下漂亮的房屋并拥有管家服务。穷人有流浪生活，富人也开始了他们的游荡生活。

在 19 世纪末，为了满足越来越多发家的欧洲人（但是他们还没有能力拥有住宅管家，也没有能力在地中海边拥有一套别墅）的需求，一些奢华的酒店和餐馆在瑞士、意大利和法国开了起来。接着，它们就在欧洲遍地开花。

直到 19 世纪末，“豪华大酒店”（palace）一词应运而生，这个词跟君主们的“宫殿”（palais）有关，意指奢华无比。恺撒·里兹可谓是这类酒店的开创者。他的一生就是这种酒店大变革的历程。

里兹于1850年出生于瑞士，14岁时进入瑞士瓦莱地区布里格的“王国与邮驿大酒店”做见习酒务服务生。在1867年的世界博览会期间，他来到巴黎工作，先是做服务生，接着成为酒务总管，继而成为“富瓦升”餐馆的店长。在当时很有名的富瓦升餐馆位于圣奥诺雷大街，主要是因其总管亚历山大·肖龙而闻名。在此，里兹接触到了巴黎的上流社会。里兹的个人魅力和善于周旋的能力，令他声名鹊起。在此后的10年里，他就职于奥地利、瑞士和摩纳哥等地的酒店。他一直在学习，并一直在积蓄财力。1880年，他拿出积蓄买下了他的第一家酒店，即1866年建成的位于特卢维勒的“黑岩大酒店”（玛格丽特·杜拉斯曾在此度过余生）。此次经营以失败告终，这让他相信，若想让一家奢华酒店获得成功，就必须跟一个大主管进行合作。1881年，里兹成为蒙特卡罗的“格兰德大酒店”的总经理，在此，他遇见了奥古斯特·埃斯科菲耶。这是一场至关重要的相遇。埃斯科菲耶曾担任梅兹的莱茵部队司令部的厨师长（除了各种独特的菜谱，他还曾发明过“美丽的海伦”巧克力慕斯梨、“苏塞特”橘子黄油薄卷、“梅尔巴”冰淇淋糖水桃子）。1888年，里兹买下了巴登巴登的“密涅瓦”酒店，接着又买下了戛纳的“普罗旺斯大酒店”。与此同时，他还跟埃斯科菲耶一起，谋划在巴黎开一家顶级的豪华大酒店。

同一年，他在两个亿万富翁的帮助下启动了这项计划。这两个亿万富翁，其一是富商亚历山大－路易·马尼耶－拉伯斯托尔，他是获得巨大成功的“柑曼怡”（Grand Marnier）利口酒的发明者，而这个品牌的名字是里兹帮忙取的；其二是英国的钻石大王阿尔弗莱德·贝特，此人当时被同时代人视为世界首富。里兹分期付款买下了位于旺多姆广场15号享有盛名的“格拉蒙”私人酒店，在这家酒店周边住着一些法国最显赫的贵族家庭，其中包括路易十五的后代们。这个酒店尚属于私人专用，没有对外营业。里兹要将其改造为一个无与伦比的豪华大酒店。为此，他借鉴了凡尔赛宫和枫丹白露等地的城堡。他让人安装了电梯，安装了水电，并在 159 个房间中的每一个房间里，都安装了电话和浴室。他安排了当时最有实力的公司（克里斯托夫勒、巴卡拉、鲁夫）来装修卧室和餐厅。他还委托埃斯科菲耶来设计可供 500 人用餐的餐厅。

在这些工程开始之后，里兹又于 1889 年成为伦敦一家叫“萨沃耶”的新酒店的经理，这是一个剧院经理人刚刚创建的酒店。埃斯科菲耶在伦敦陪着里兹。两个人继续关注着他们将在巴黎开张的这家酒店的工程进展。在伦敦看到和学习到的东西给了他们很多启发。

从伦敦萨沃耶酒店 1893 年 10 月 30 日的晚餐菜单（用法语写成，在埃斯科菲耶指挥的厨房里法语属于唯一用语）可以看出这位总管的烹饪思想：清炖瓦罐鸡汤、清炖马德拉葡萄酒甲鱼汤、“宠妃”牡蛎、“黎塞留”水煮鹌鹑、香辛蔬菜配羔羊肉丁、圃鹀烤串、“珍奈特”家禽冻胸肉、肥鹅肝冰淇淋、巧味沙拉、美洲螯虾圆馅饼、新鲜芦笋、砂糖饼干、桃红甜烧酒、甜点、水果[270]。

同一年，历史最悠久的洛桑酒店管理学校由雅克・特苏米创建，他是洛桑“美岸豪华大酒店”的经理和瑞士酒店协会的主席。

1898 年，施工 10 年之后，里兹的酒店开张了，他为酒店取了自己的姓氏：Le Ritz（里兹）。这是第一家豪华大酒店。1898 年 6 月 1 日的开业庆典聚集了欧洲和美洲的整个上流社会，他们专程赶至巴黎。加勒亲王（prince de Galles）宣称：“里兹大酒店开到哪里，我就去哪里。”酒店很快就总是处于爆满状态。“Ritzy”变成了一个形容词，意指“漂亮的，高雅的”。宽敞的餐厅开始迎接夫人们，她们在此前还只能够在自己的私人公寓里吃晚饭。酒店变成了时尚场所，女人们可以在此展示她们的美妆，男人们可以在此炫耀各自的财富并达成新的生意。1904 年，在《费加罗报》上还可以看到这样的话：“巴黎的‘季节’总是在里兹大酒店宣告开始，而且也总是在这里才宣告结束[473]。”

里兹并没有满足于这个豪华大酒店，1905 年，他又在伦敦找到了一家新店，同样冠以自己的姓氏，并让这家酒店成为自己担任总经理的萨沃耶酒店的竞争对手。1906 年，他在马德里又开了一家，然后把豪华大酒店开到了开罗、约翰内斯堡、蒙特利尔、纽约[12]，[43]。

不久之后，巴黎的其他豪华大酒店也开张了：巴黎瑰丽酒店（Crillon，1909 年）、巴黎卢特西亚酒店（Lutetia，1910 年）、巴黎普拉莎酒店（Plazza，1913 年）、巴黎布里斯托尔酒店（Bristol，1925 年）。

欧洲百姓：还是面包和土豆

对百姓来说，吃的还是面包和土豆，肉还是少得可怜。在欧洲的农民当中，小锅煮的汤和粥依然是基本的食物。他们会在里面加点猪油，有时候也会配点绿色蔬菜（白菜、洋葱、酸模、四季豆）和土豆。面包（灰褐色或黑色，原料有大麦、黑麦、玉米或优质软粒小麦）一直占据重要位置。黄油极少，因为还不懂得如何保存，但牛奶很多。除了沿海地区，从来没有鱼。水果非常少见，主要是苹果和梨，在葡萄产区还有葡萄。星期天，他们有时候会加上一片腌猪肉。难得一见的是宰杀一只家禽。最后，但凡精美一点的食品，例如巧克力、咖啡、糖、面条等，均得留在特别重要的日子里食用。在汝拉山区和沃克吕兹地区，人们会在孩子出生时送一斤食糖以示庆贺[104]。

用餐者的数量和用餐场所受现场的工作条件限制。在法国，夏季里，一般情况下，早餐是在太阳上山之前吃，第一次用点心是近 11 点，午餐在 13 点，第二次用点心在 16 点，晚餐在近 21 点。在冬季，两次点心会取消，晚餐提早。餐具仅限于陶瓷汤勺和碗盆。每个人均有自己的餐刀[104]。

当农民变成工人之后，他们会从家里带着妻子做的食物去上班。从此，他们就在工厂里趁劳动间隙独自快速地吃饭。午饭总是悄无声息地进行。

英国在近 1880 年之际，谷物和土豆消费达到了巅峰。而在法国和德国，这一状况则分别是在 1894 年和 1903 年出现[28]。在此之后，这种消费开始减弱，动物蛋白和奶制品消费开始增加。

从事农业和畜牧业的爱尔兰人发明了一道菜，以羊肉（绵羊和羔羊）、土豆、香芹和洋葱为食料，这些食料属于没有被用作贸易的食品。这道菜叫“爱尔兰炖肉”（Irish stew）。在 19 世纪末，这道菜有了更多的变化，因为爱尔兰人的农作物增加了，菜里开始添加胡萝卜。

在 19 世纪末期，无机化学的发展帮助人们确立了第一种防治农作物病虫害的产品，即用硫酸铜和熟石灰混合在一起的波尔多液，它首先被用于防治葡萄叶的霜霉病[474]。

法国的饮食模式跟欧洲其他国家有所不同，法国的乡村人口更多。

1880年，乡村人口在法国尚占70%，即使农业从此之后对法国经济的贡献要小于工业。在法国，水果和蔬菜的消费比在其他欧洲国家要多得多。在1800年，法国每人每年水果和蔬菜的消费量是50公斤，在1894年则是每人每年102公斤。至于食糖的消费量，法国也比德国要大一点，因为法国有甜菜制糖[97]。

在世界其他地方：多样化在持续

在俄国农村，主要消费的还是水煮土豆、鲜鱼肉或鱼干，还有“卡莎”（kasha），即用去皮荞麦、小米或小麦煮糊，再加牛奶和肥肉[35]。

在中国，农民吃大米、大麦和燕麦熬成的粥，以及花生、面条、蔬菜、豆腐、炸或蒸馒头、加猪肉或猪肠的白菜汤。家禽和水果还属于难得一吃的贵重食物。就像亚洲其他地方一样，人们也吃昆虫。食醋和酱油是最主要的调料[33]，[262]。

在日本，在江户幕府时期（幕府于1867年终结，随之开启明治时期），农民吃谷物（如小米）、汤、豆腐、蔬菜（萝卜、蘑菇、茄子）和荷兰人于17世纪引入的土豆。鱼是生吃的。大米还是奢侈品，农民们以留着换钱为主而不是个人消费[38]，[259]，[260]，[261]。尽管佛教禁止食用猪肉、马肉和牛肉，但还是有不少人在吃，只是这种行为属于不虔诚的象征而已。

在印度，信奉印度教的农民纷纷转向小米、“鸭脚稗”和他们拿来做“恰帕提”这种印度薄饼的小麦。肉是被禁止食用的。在古吉拉特邦，他们有神奇的蔬菜。在旁遮普地区，有英国人后来模仿的菜肴。在印度，与在日本一样，大米只限于富人们享用。从1858年开始，有些调料（如咖喱）和有些印度菜在大不列颠取得了惊人的成功[257]，[258]。

在非洲，高粱和小米在当时始终是基本食物，经常被拿来做成糊或粉，再用来做饼和粥。主要的蔬菜有巴姆巴拉豆和奶牛豌豆，也有直接从树上采摘而得的“树叶菜”（如猴面包树）。肉类主要来自丛林灌木区的狩猎（羚羊、猴子、松鼠、珍珠鸡），几乎没有什么饲养业。除此之外，非洲人还会吃昆虫。慢慢地，欧洲殖民运动植入了“欧洲菜”，非洲人也顺从了这些殖民者的食物操纵[333]。

就这样，随着人口大爆炸，可能是人类饮食最糟糕的一个世纪揭开了序幕。

为食品资本主义服务的营养学

20 世纪

19 世纪末期，世界人口达到了 16 亿，世界政治和经济的权力中心开始从欧洲向美国转移。美国资本主义逐渐向全世界推行一种新型的饮食模式。根据这种模式，产生了新的吃饭方式以及新的交流方式。或者诚如我们将会看到的那样，新型的饮食模式就是一种不再交流的方式。人在变得更加孤单，而吃得却更多。剩下的只是默不作声的购买。

如同美国变成了所吃食物的代名词，吃变成了美国的代名词。而且，就如一直以来显示的那样，吃不仅仅是食物的问题，也是消费食物的方式问题，而且还是所谈内容的问题，甚至是吃饭的时候不再交流的问题。它给全球的政治、经济、文化生活带来了至关重要的影响。人们吃饭速度越来越快，吃得越来越糟，方式越来越机械。与此同时，在人们的开支中，用于吃饭方面的费用亦越来越少。

有些民族没有去追随美国的这种模式。要么像法国人那样，因为他们拥有抵制这种模式的能力，要么像许多其他国家那样，因为他们的民众还没有能力来达到这种模式。

美国资本主义的计谋：营养学

19 世纪末期，在美国，人们吃的饭差不多还跟欧洲一样，甚至经常还比欧洲人吃得更好。但来到这个“新世界”的每个移民都带了各自的菜谱，都有各自的吃饭方式，都有各自的宗教和家庭节日的庆祝方式，都有各自的交谈主题和自己的餐桌规矩。有些人不让女人上桌吃饭。有些人给女人一切权利，甚至可以让孩子在餐桌上随便说话。

较早在美国出版烹饪书籍的是英国人、法国人、德国人、爱尔兰人、波兰人、西班牙人、犹太人，甚至还有中国人。比萨、爱尔兰炖肉、匈牙利牛肉汤、塞馅鲤鱼、西班牙什锦饭，在社区里各领风骚。每个人在到来时都会发现一些很棒的新蔬菜和新肉类，这些属于健康农业出产的食材，被用来烹制各自的菜肴。

于是，这些产品丰富了欧洲的传统厨艺，并经过混杂催生出了美国特有的新式菜肴，特别是出自大平原的牛仔们，以及东北部、得克萨斯州或路易斯安那州的农场主们的新菜肴。

然而，这些菜肴逐渐地汇聚在了一起，归于一统，相互交融，日趋乏味。

西部移民的增加其实为企业主们打开了新的市场，他们利用当时的技术革新，尤其是冷冻列车来进行远距离的肉类运输，并统一了北美大陆的食品市场。

若想令消费者也能够购买住、穿、行、娱所需的产品，就必须降低饮食的成本。因此，人们就需要统一食物，并将之简化，以减少饮食的支出。

为了让吃饭不再继续成为交流的主题，人们必须吃一些无聊的食物。如果可能，最好是能够提高吃饭效率，比如让一个人边工作边吃饭。为此，企业主们开始想象有那么一种工业食品，它能够以极低的成本来养活工人和工人的家庭。

美国一方面以食物丰富和产品优质著称，另一方面，刚刚抵达的西班牙移民们却期望能够吃饱肚子，在这样一个刚刚诞生的国家里，这种做法很难不产生矛盾。

为了达到目的，美国的资本家们采用了迂回战术。他们让美国人相信，他们那如此丰富、如此多样、如此自然的食物是不健康的，他们需要一种更加简朴但没有那么自然的食物，那就是工业化生产的食物。他们需要停止在餐桌上花费太多的时间，需要觉得吃饭是一种无聊的事情，并尽可能地不要去考虑食物的问题。

这是一种令人难以置信的计谋，用所谓的营养合理性借口来降低百姓阶层对食物的要求。使用医疗借口将味道变得不再那么重要，促使人们去购买被认为是健康的廉价工业产品，让人们将收入中重要的一部分花在别处，而不是花在吃得更好这个方面。要吃得快，要一个人吃，要打破家庭的团聚，打破美食和文化的连带关系。从而让饮食节制为民族利益和民族团结服务。

美国在这种饮食行为上的变化很早就已经有迹可循，这种变化发端于19世纪30年代前后。诸如爱德华·希区柯克和威廉·塔尔科特等医生主张抛弃肉类、香料、调料、咖啡、茶叶、酒精、烟草和一切性行为，尤其是手淫行为。他们推荐蔬菜、水果、身体锻炼，并希望能够配以“积极的”思想态度[69]。

不久之后，至1860年，费城的新教传道者希尔维斯特·格拉汉姆受到前文已经提及的18世纪法国的生机论影响，也反对酒精、肉类和香料的消费，反对性行为。在他看来，所有这一切都会引起对神经系统的过度刺激并给人带来致命的疾病[28]。他劝诫人们不要食用施过化肥的粮食（此时化肥已经开始出现）。他认为味道并不是食物品质的衡量标准，人们必须吃一些健康的食品，哪怕是淡而无味的食品。

格拉汉姆开始向美国人“布道”。“做一个素食主义者吧，不要在做白面包的面团中掺入化学成分（主要是啤酒酵母）。”他向人们发出劝告，他也谴责面包师们在面粉中掺入石膏粉和碳酸钾来漂白。

格拉汉姆在全国许多城市都拥有追随者，他们被称为“格拉汉姆主义者”。他的某些弟子创办了一份杂志，刊名为《格拉汉姆健康与长寿》。有些弟子在刚刚于美国东部地区开办的一些大学校园里创立了“格拉汉姆主义者小组”。还有一些弟子则发明了“格拉汉姆面粉”（没有碾碎和过筛的小麦面粉）和“格拉汉姆饼干”（用“格拉汉姆面粉”做的，添加蜂蜜的长条薄脆饼干）[68]，它们所用的材料都是种在“纯净的”土地上的粮食（即不施化肥，甚至是有机的土地）。最后，还有人开了一些摊铺来售卖格拉汉姆推荐的产品。

截至1870年，科学的进步，尤其是化学的进步，与这些传道者坚持的方向刚好相符，即将味道视为饮食质量的次要因素。美国的营养学家此时明确了碳水化合物、脂类化合物和蛋白质的重要作用。他们像格拉汉姆那样解释说，吞食某些哪怕是没有味道的蛋白质，就足以维持人体的正常需要，而且还不用有很大的花费。这时候工业食物的普及可谓万事俱备。而且，围着桌子吃饭的做法同样也走到了尽头。

卡路里和麦片

1880年前后，格拉汉姆的一个弟子，美国化学家和大学学者，威尔伯·奥林·阿特沃特，力求将食品的营养价值予以量化。为此，他将“卡路里”（该词被法国人尼古拉·克莱蒙早于50年用来定义热量）这个概念用到了食物上，用它来定义某种食品在“燃烧”时可能会释放出来的热量。对他来说，一个卡路里就是一个有机体提起一个1.53米高的木桶所需要的能量，所对应的是约4200焦耳。（不久之后人们发现，有机体摄入的没有消耗掉的卡路里会转化，然后会以各种形式保存在体内，甚至在休息的时候，一个成年人每秒也要消耗约7.5焦耳）根据这种概念，人们对食物价值的评判，不再根据其滋味、气味、构造、食材及食材的烹制方式，也不再根据用餐期间的交流质量，而是根据抽象地概括出来的唯一的数字：卡路里。很快，卡路里就成为评判食物价值的主要标准[117]，味道退居到了次要位置。

在1898年，“格拉汉姆饼干”在全国获得了巨大的成功，为了进行更好的商业运作，销售这种饼干的两大面包连锁店甚至合并成了一家，名为“全国饼干公司”（National Biscuit Company，后来改为Nabisco公司，接着又改为Mondelez International）[336]。这两大连锁店原本分别属于威廉·亨利·摩尔（改行成为金融家的一名法官）和阿道弗斯·格林（改行成为企业家的一个律师）。

不无讽刺意味的是，当今的格拉汉姆饼干的配料中就含有希尔维斯特·格拉汉姆肯定要去告发的成分：食糖、增白面粉、防腐剂……

就这样，通过营养学和宗教这种迂回的方法，农业食品的工业化时代开启了。

而且，这还没有结束。同样就在1898年，格拉汉姆的另一个弟子，约翰·哈维·凯洛格医生管理着密歇根州巴特尔克里克市的一家疗养院，他也主张禁食肉类、香料、酒精并禁止手淫。他要求病人吃清淡无味的素食，以此来“促进灵魂的休憩”。他命名的“有机生活”（biologic living）[75]的重要原则就是，生活要尊重自然、肉体和精神。他跟他的兄弟威尔·基思一起，创建了“巴特尔克里克疗养院健康食品公司”，为他的病人生产和销售符合此原则的食品。兄弟俩一直在探寻一种能够替代面包的产品，他们将煮熟的麦粒放置一会儿，然后再将两颗卷在一起压成薄面片来烘烤，就这样诞生了“corn-flakes”（麦片，flocon de céréales）。凯洛格医生相信这种新食品是一种药物，可以治疗消化不良并能够减少病人的力比多（泛指一切身体器官的快感）。他还相信，既然是以“有疗效”来介绍的这款食品，他的病人对其味道应该不会在乎。“麦片”在疗养院卖得很好，威尔·基思·凯洛格决定面向大众批量生产。在1906年，他创建了“巴特尔克里克烤麦片公司”（Battle Creek Toasted Corn Flake Company），该公司于1922年更名为“凯洛格公司[57]，[238]”。

今天，极少有购买“麦片”的消费者知道，这些食品曾经是为了降低性欲而发明的。

为方便资本主义而让人忘记餐桌

19 世纪末期，在美国，一切都已具备：味道退居次要地位，吃得更快，吃一些不会让人在餐桌上耗费时间的无味、易饱的食品。用餐的时间在缩短，在工厂里是如此，在家里也一样。美国社会开始变成被分开的一个个个体的并置模式，他们独自吃饭或跟工作中的陌生人一起吃饭。在家里，餐厅没有了，取而代之的是“起居室”。用餐空间的缩减提升了生产力，在美国出色的经济腾飞中，用餐空间的缩减并非毫无作用。

同时，质量极糟的食品工业化生产也在加快速度。甚至出现了消费者的抗议运动，主要支持者是 1883 年创立的《妇女家庭杂志》的女性读者们，该杂志隶属于“妇女俱乐部总会”，该会当时在全国各地的俱乐部里聚集了约 10 万名女性[335]。但是，令相关举动变得徒劳的是，农业食品加工业已经发展得极为强大。从 1890 年至 1905 年，国会否决了 200 个关于加强食品和药物质量监管的立法提案。历来是相互否决对方提案的参议院和众议院，居然心照不宣地达成了一致。

在 1906 年，生产农业食品的企业主们已经变得相当强大，他们甚至可以根据自己的利益来推行自己的行业标准。于是，他们让国会通过了一项所谓的“消费者保护”的法律，即《食品和药物纯净法案》（*Pure Food and Drug Act*）。事实上，该法案是要推行大陆标准，允许某些企业主在整个美国销售他们的产品并惩罚违反标准的人，即他们的竞争对手。在同一时刻，《肉类产品监督法案》（*Meat Inspection Act*）将法案所圈定产品的造假确定为刑事犯罪，规定了屠宰的过程，确立了联邦层面的关于食品和药品唯一合规的卫生要求[128]。

掩盖味道

《食品和药物纯净法案》刚一颁布，法案的主要推动者之一J. 亨氏就将自己的生产过程机械化与规模化，并将产品销往整个大陆。J. 亨氏是一个德国移民的儿子，30年前就跟其兄弟和堂兄弟创建了一家名为海因茨（F&J Heinz）的企业，主要产品是注册了商标的亨氏番茄酱。亨氏番茄酱是装在一个八角瓶里售卖的，这种八角瓶至今依然是这个品牌的标志。这种调料源自17世纪末亚洲的一种做法，里面的成分有：番茄、盐、胡椒、香料（丁香、桂皮、牙买加辣椒）、芹菜、蘑菇、分葱、食糖和防腐剂[96]，[237]。这是一种万能的调料，符合亨氏协助制定的《食品和药物纯净法案》的标准。很快，人人都以这种调料来覆盖所有菜肴的味道了。这也是一种完美地适合于淡而无味的食物的调料。

亨氏番茄酱的畅销标志着食品加工业开始进入了一个新的阶段：在让人们食而无味之后，又发明了一种人工味道来掩盖产品本身的空洞。

此时，食品加工业已成美国的第一工业。美国的烹饪书跟欧洲的烹饪书迥然不同，它们强调的是菜肴的能量价值而不再是其味道了。除了卡路里，人们又引入了一个新的概念——维生素，引入它的目的同样是要让味道退而居其次。发现维生素的是一个名叫克里斯蒂安·艾克曼的荷兰医生和一个名叫卡西米尔·冯克的波兰生物化学家，维生素这个名称来自其所含的一组“胺类”（从氨分子中获取的氮化合物，在氨分子中一个或数个氢原子被一组碳原子取代）且因为其对生命的重要性，便被称之为“维生素”（vitamine）。

芝加哥屠宰场开始流水线作业

跟取火、标枪、弓弩、车轮、尾舵以及其他很多发明一样，农业食品方面的变革也在整体上再一次改变了经济生产世界。与此同时，也加快了作为交流场所的餐桌的毁灭进程。

19 世纪末期，在美国消费的 80% 的动物，特别是猪肉，是通过芝加哥的屠宰场流转的，有些美国人戏称芝加哥为“猪城”。在这里，始自 1850 年，一些巨大的革新逐渐地被引入到劳动组织之中。一只只猪被挂在移动的钢轨上，工人们站在钢轨面前重复着相同的任务：屠宰、切割、拆卸。电力出现之后，这种流水线变成了自动化作业。生产力剧增，每天可以宰杀 4000 头牛，每 9 秒钟杀一头牛，每 5 秒杀一头猪。对于用这些动物生产罐头食品的企业主来说，收益可谓相当可观。

这种流水作业的方法先是被美国烟草公司的烟草生产企业模仿。然后，在 1908 年，一个年轻的汽车制造商人亨利 · 福特，也产生了效仿它的想法。他想以流水线生产各款汽车，因为在此之前，汽车生产还一直处于手工生产模式。而要实现这种方法，他必须解决几个特殊的问题，这比屠宰场的问题要复杂很多。不同的工作岗位必须能够同时工作，而且流水线上的供应必须能够持续和流畅。1913 年，亨利 · 福特在经历数次失败之后，启动了世界上第一条汽车装配流水线，用来生产一款适合这种生产模式的车型。而且，成本要远远低于当时在世界市场上销售的所有其他汽车的成本。这款车就是福特 T 型车。

福特汽车取得的巨大成功震惊了世界工业界。福特在其名为《我的生活和工作》的回忆录中承认，他曾经受到了芝加哥屠宰场的流水线运作的启发：“总体想法是借鉴了芝加哥罐头生产商们的移动钢轨[129]。”

批量生产食物

食物生产领域的革新先是降低饮食的成本，继而是降低汽车的成本。正因为中产阶级在饮食方面消耗的成本降低了，因此对汽车这种早期的消费品产生购买念头。

在同一时期，提高厨房工作效率的各种设备（烤箱、厨灶、冰箱、洗衣机），在经过一个世纪的引领和试验之后，开始进入家庭。这些设备很快就要成为继汽车之后在流水线生产出来的大众消费品，从而将女性从大量的家务中解放了出来，让她们有时间去上班并拥有更强的消费能力。

在美国的公寓或平房里，即便不缺空间，厨房也会向客厅开放，接待的地方和吃饭的地方混杂在了一起。

在 1892 年，加拿大人托马斯·阿赫恩申请了“电烤箱”的专利。他在 1893 年的芝加哥世界展销会上就此向公众作了推介，不过，刚开始时并没有引起关注[232]。在 1905 年，澳大利亚人大卫·柯尔·史密斯完善了这款发明，在烤箱里加装了一块电热板并将之改成了现在的这种样式[314]。用电成本、电线接入难度、加热器件的寿命，以及这种新型能源引起的恐惧，都阻碍了这种电烤箱在美国的传播速度。

1900 年，在克莱蒙－费朗市，安德烈和爱德华·米其林兄弟借了巴黎世界博览会之东风，开创了《米其林指南》。在最初的时候，这个首次问世的美食指南和道路指南是免费赠送给购买轮胎的顾客的[130]。

新的农业食品企业一个又一个地出现。1901年，孟山都公司(Monsanto)创立，最初生产糖精，后来生产阿司匹林。1902年，百事可乐创立，它使用了跟可口可乐不同的配方（这两种可乐的配方至今仍还极度小心地被保密）。1903年，占士·卡夫(James Kraft)开始在芝加哥销售奶酪，后来这个家族企业取名为“J.L.Kraft & Bros.Company”（占士·卡夫兄弟公司），并发展成为世界上最大的农业食品加工企业之一[236]。

在欧洲，也有一批企业根据美国的模式发展起来。1906年，雅克·莱昂·雅克梅尔调制出了“贝乐蒂”（Blédine），这是一种谷糊，专供不能食用配方奶粉的新生儿食用。1908年，莫里斯·古戈士在瑞士发明了奶粉[357]。同样是在1908年，主要是发现了海洋热能原理的法国医生和物理学家阿尔塞纳·达松伐尔，通过将食品进行速冻和脱水发明了冷冻干燥法。由此，成品菜的保存和生产变得更为容易[475]。

1913年，最早的家用冰箱在美国投入销售[30]。1913年，以德国化学家弗里茨·哈伯和卡尔·博施命名的哈伯-博施法可以将氮固定，从而可以大规模地生产氮肥。因此，整个世界农业逐渐产生了巨大的变化[361]。

在第一次世界大战期间，食物的工业化进程开始加速。罐头咸牛肉（corned-beef）成为英国、美国、澳大利亚和新西兰士兵的基本食物，并且从这时起在阿根廷开始生产。阿根廷由此变成了世界上最早的肉类生产商之一[116]。

在企业里、在火车上、在船上，甚至在早期的飞机上，成品菜已到处可见。1919 年，英国的亨德里·佩奇运输公司在伦敦至巴黎的一次飞行途中提供了第一顿航空餐，其价格是 3 个先令。这顿航空餐由机场的餐厅准备，在食用之前是一直保存在保温盒里的[268]。

在此之后，一切都在飞速地发展，从食品的快速生产时代进入了食品的快速消费时代。

吃得快，fast-food

其实，一切都已经准备就绪，在第一次世界大战之后，经过数十年的思想和物质方面的准备，提供快餐的速食餐厅粉墨登场了。

这不再是在家里吃饭的问题，也不再是在不同风味的餐馆里吃饭的问题，更不是在企业的食堂或餐厅里吃饭的问题，而是要以廉价的方式让不断增加的消费者吃饭的问题。他们既不能吃食堂，也不能在自己家里做饭。他们将在根据批量生产的模式、按照标准化配方提供饭菜的餐厅吃饭。在这些餐厅里，既不考虑顾客停留的问题，也没有交谈的空间。

这就是后来的“fast food”（快餐），只是这个名称很久之后才出现。

这些餐厅里所提供的食物无须遵守过去数十年里美国营养学家们定义的原则，而且，恰恰是这些营养学家们催生了这种食物。它们口味油腻，有咸的和甜的，使用的是品质不怎么样的食材，以廉价去满足消费者的胃口。同时，也让消费者产生依赖的心理。此前让味道退而居其次的做法促进了这种过渡。

这类食物也是可携带的。在18世纪末期兴起了三明治这种形式的食物，促进了消费者的流动并终结了用餐社交。

1921年，在堪萨斯州的威奇塔，厨师沃尔特·安德森和不动产经纪人比利·英格拉姆创立了“白色城堡”餐厅，这是世界上第一家快餐连锁餐厅。他们在餐厅里以很低的价格售卖由两片面包组成的方形汉堡，很快大获成功。加盟的做法也随之发明了出来。10年之后，在美国的11个州都出现了以“白色城堡”为品牌的餐厅。1933年，安德森将自己在企业里的股份卖给了自己的合作者，这位合作者随即大规模地扩展了经营。如今，美国共有近420家“白色城堡”，主要集中在中西部的肯塔基州和田纳西州[436]。

1929年，“特易购”（TESCO）在伦敦北部创立。它起初是一家干食店，继而是一个储存食物的仓库，这家企业后来很快变成了世界上最大的销售商。它的发家情况就是如此[414]。

1930年，“联合利华”（Unilever）创建，它由“Margarine Unie”（人造奶油生产商）和“Lever Brothers”（专业生产和销售香皂的家族企业）合并而成。这家企业在20世纪30年代的速冻产品和成品菜市场发展迅猛。1938年，其人造奶油即某种植物黄油的销售量，随着一款维生素丰富的产品的投放创下了新高。1943年，联合利华因为收购了一家名为“Batchelors”的专做冷冻蔬菜的企业，成了全球速冻食品市场上的重要商家[358]。

在20世纪30年代，绰号为“山德士上校”（因在一次斗殴中表现镇定被州政府授予了一个虚构的军衔）的哈兰·大卫·山德士在其位于肯塔基州的科尔宾餐馆发明了一种秘密配方，即用11种调味品和香料做的炸鸡配方[359]。这就是肯塔基炸鸡。“山德士咖啡店”先是在当地取得了巨大的成功，接着在全国亦收获成功。1936年，美食评论家邓肯·海尼斯将其收入了自己的名为《美食探险》的刊物的创刊号当中，这本美食指南当时收集了全国475个优选美食的地址[40]。山德士则是在很久以后才在犹他州开出了以“KFC”（肯德基）为名的第一家加盟店，然后研发出了低成本批量生产的技术。今天，KFC在全世界已经拥有2万多家餐厅[54]。

1937年，在加利福尼亚州，莫里斯·麦当劳和理查德·麦当劳这对兄弟卖掉了他们的影院，改为在66号公路上、加利福尼亚蒙罗维亚机场附近的橙子小镇开了一家名为“小机场”（The Airdrome）的餐厅。在这家餐厅里，他们提供热狗，后来也提供10美分一个、用两片面包做的汉堡包。1940年，他们将餐厅迁到了洛杉矶繁华的郊区县圣贝纳迪诺，餐厅的名称改为“麦当劳烧烤”（McDonald’s Barbecue），提供“drive-in”（免下车的，路边服务式）服务，即穿着制服的女服务员直接将汉堡递到车窗口[222]。

不求味道的营养学生产出了一个魔鬼。人们一直如格拉汉姆所愿，吃得既快又便宜。但是，这并不是他的梦想。

在这期间，在法国，《米其林指南》从1920年起开始收费。米其林的第一颗星在1926年出现，用来标记最佳餐厅。至于其第二和第三颗星，则是在1930年推出的。

美国进军世界餐饮业

在第二次世界大战期间，战斗中的美国士兵吃越来越多的含糖食品（其中有口香糖、牛奶巧克力、可口可乐、速溶咖啡……），所有这些产品都被认为有利于提升部队的士气。他们还借助《米其林指南》来定位路牌已经被纳粹摧毁的法国公路。

在向柏林和东京进军的过程中，美国士兵成了美国农业食品加工业的最佳推销员，美国农业食品加工业则成为自由和现代性的象征。

同一个时期，在伦敦（从20世纪初开始，印度的影响已经不容小觑），人们发明了“纯素食主义者”（végan）这个词。它的发明者是一位名为多纳德·华特森的教师，他用这个词来区分素食主义者（végétarien）和纯素食主义者。前者不吃肉，后者是不消费利用动物任意部分制作的一切产品[366]。

1946年，美国的快餐餐厅跟美国的个人一样，享受到了一项重要的新发明所带来的好处：微波炉。

此时，事实上，随着世界重归和平，美国的国防企业开始探寻如何将为军事需要而开发出来的各种技术能在民用领域得到应用。雷神公司（Raytheon）的工程师珀西·斯宾塞在偶然间发现，一条巧克力在靠近一个磁控管（在战争时期被用来产生进行短距离雷达定位的微波）时融化了。他就这种食品烹制中的微波利用申请了专利，并取名为“雷达炉”（Radarange）。随后，世界首款微波炉投入了生产。当时的雷达炉高1.8米，重340公斤。20年之后，日本“夏普”公司缩小了雷达炉的体积并加上了一个转盘，于是炉子的外形和价格都变得合理了。这种新的家庭设备从此进入了生活，厨房就不再只是一道菜的最后完工之地了[233]，[234]。

1948年，麦当劳兄弟的店再次搬迁，他们开了一家自助餐厅，引入了食物的流水作业系统。两年之后，他们号称在自己的餐厅里“每年”卖出了“100万个汉堡包和160吨薯条”。

1954年，有一位叫雷·克洛克的钢琴师改行成了奶昔搅拌机的销售代表，他的野心颇大，建议麦当劳兄弟发展加盟店，建立一套标准化操作的模式：分量、包装、配料、加工时间、服务。他说道：“做汉堡，没有谁比我们更认真。”（We take the hamburger business more seriously than anyone else）。1955年3月2日，麦当劳兄弟和雷·克洛克合作创建了“麦当劳系统公司”。同年，第一家加盟店在伊利诺伊州的德斯普兰斯开张。1959年，他们开了第100家分店。1961年，克洛克掌权，用270万美元收购了麦当劳兄弟的股权，甚至逼迫他们关闭最初开设的那家餐厅。这家餐厅在失去连锁店的店名使用权之后变成了著名的“The Big M.”。克洛克甚至在他们的同一个街区开了一家麦当劳[46]，[67]，[222]，[223]。

雷·克洛克明白创新的必要性，只有创新才能够避免过时，“当您尚属青涩之际，说明您正在成长。一旦成熟，也就是腐烂开始之时[46]。”他还宣称：“一份契约，就像是一个心脏，就是用来打破的。”直至1984年去世，他也是一个冷酷的老板。多余的开支时时会被消除，各种程序标准化运作，空间的利用率总是很高。因为麦当劳的销量很大，所以这个品牌得以买到许多质量平平的配料。人工成本也非常低，雇用的常常是没有经验的年轻人。他所取得的成功是巨大的 。

1967年，麦当劳跨越了一个关键的阶段，走出了美国。1967年，麦当劳开到了加拿大；1970年，开到了哥斯达黎加；1971年，开到了日本、荷兰和德国；1972年，开到了法国；1990年，开到了中国；1992年，开到了摩洛哥；1996年，开到了印度。2019年，这个品牌在100多个国家开了3.6万家店。即使其食物根据当地的口味做了调整，麦当劳公司也变成了美国“生活方式”的全球标志。

因此，麦当劳的声誉是所向披靡的。21世纪初在美国的一项研究表明，96%的美国小学生认识这个品牌的标志，即小丑罗纳德（两位创始人兄弟的名字都不是）。只有圣诞老人排在麦当劳之前[266]。

同时，这种声誉非常令人担忧。另一项研究表明，在一所学校周边150米内开设快餐店会将一个孩子肥胖的风险提高5.2%[118]。

抵抗饥荒，不惜一切代价

在20世纪的后半期，令人眩晕的世界人口的增长（1900年16亿，1930年20亿，1959年30亿，然后到了1974年40亿，2019年超过了70亿）迫使人们去寻求养活如此庞大的人口的终极手段。

首先，需要不惜一切代价提高农业生产。其中有不少重要的创新出现。

1944年，美国农业学家诺曼·博洛格开始研究高产抗病小麦。20世纪50年代末期，他在墨西哥培育出了第一批品种，并将它们出口到了东南亚，以及印度。在印度，这些品种于1962年在数个村庄进行了试种。1966年，

3年的干旱之后，印度发生了饥荒，尤其是在比哈尔邦和北方邦情况最为严重，饥荒引起的骚乱不断爆发。同一年，在印度农业研究所所长蒙康布·斯瓦米纳坦的影响之下，印度进口了1.8万吨诸如博洛格生产的高产品种的种子，这些品种彻底替换了现存的一切品种。这场“绿色革命”在产量上取得了巨大的成功[410]，持续了至少20年。

因为这场绿色革命对水的需求量非常大，因此只能在灌溉最容易的地区实行，但它同时也增加了水资源利用的压力，从而引发了用水的冲突。1986年至1989年期间（即绿色革命在这个国家启动之后20年）在旁遮普地区进行的一项研究显示，这种高产品种的应用损害了基因多样性和土地的肥沃性，而且大量使用的化肥污染了潜水层并令土地的质量发生了退化。

此外，对耕作者来说，加入这场绿色革命的成本是巨大的，耕作者中最贫穷的人要么被排除在外，要么债务增多。在印度，在1995年至2010年期间，超过27万的农民自杀身亡[411]。

在其他地方，因为有了拖拉机、氮肥、杀虫剂（来自石油）、磷酸盐和钾肥，生产力得到了显著的提升。

在欧洲，一场重要的改革也给生产带来了大规模的增长。根据1957年《罗马条约》的约定，一项共同农业政策（PAC）于1962年生效，该政策的任务是使欧盟（原文如此，但欧共体演变和改名为欧盟实际上更晚。译者注）的食品供应能够自足。为此，该政策先是为粮食种植者，继而为牛奶生产商提供价格补助，令他们获取原材料的价格能够高于当时非常低的世界市场价格，以此来鼓励他们更多地生产。这一政策非常成功，甚至导致了不得不控制的生产过剩的现象。该政策首先在1984年对牛奶的价格补贴采取了配额制，接着是对谷物和油料作物采取“最大数量担保”制度。在被控告实行保护主义的外部竞争者的压力之下，欧盟于1992年的麦克·萨里改革中大幅度削减了担保的价格，并以直接援助来弥补这种削减。1999年，担保价格再次被削减，直至通过2003年的改革将这一政策废止[363]。水果和蔬菜的生产商却是从来没有得到一丁点的补助。

1973年，赫伯特·伯耶和斯坦利·科恩率先试验成功了一种方法，即在一个有机体中提取基因并将之重新植入另一个有机体的基因组中[415]。从此，他们开拓了通往改变农作物基因的道路，这带来了世界农业生产的巨大变革。1983年，对一种烟草作物实行了基因改变，以此来抵抗卡那霉类抗生素。继而，另一种烟草作物改变了自身基因来抗虫害。然后，在基因改变后，作物变得能够抗除草剂。人们接着在烟草之外的许多其他植物上，尤其是在大豆和玉米上亦使用了这种技术。1994年，首款转基因西红柿在美国上市[416]。1996年，孟山都公司试验成功了首款抗草甘膦这种超强化肥的转基因产品（OGM）：大豆品种。

这些转基因种子，在人类历史上第一次被申请了专利且不可重复利用。一些农民开始依赖转基因种子供应商，尤其是其开创者孟山都公司。今天，这家公司还跟一个大竞争对手——德国拜耳公司进行了合并[384]。

同样，对于研究者或其他企业来说，这些种子已经不可能再用来跟其他的品种进行杂交培育新的品种，植物新品种因此受到了威胁。随着1960年至2018年期间的这些变革，在总量上，世界每年小麦和水稻的产量比上一年增加了两倍，玉米的产量增加了三倍，食糖的产量从1900年的900万吨增加到了2017年的1.85亿吨。

从1960年到2019年，世界平均食品可支配量从每人每天约9167千焦增加到了约12000千焦。在发达国家，这个数字每天稳定在13800千焦左右，而在1840年则只有约8370千焦。在发展中国家，每人每天的平均食品可支配量还要低于8370千焦。不过，世界上营养不足人口的比例倒是从1990年的18.6%降到了2018年的12.5%。

作为化肥的磷酸盐的消耗，从1950年的每年500万吨增加到2000年的2000万吨，2013年则达4380万吨。但是，给庄稼施的磷肥只有30%会被植物吸收，余下的都会积存在土壤里或被水流带走。

在一个世纪里，因为有机物质的流失和土壤遭受到的侵蚀，导致10亿公顷的肥沃土地变得不可耕种。

西班牙遗传学家何塞·埃斯奎纳斯·阿尔卡扎估计，从20世纪初以来，众多的品种中有75%消失了，其根源在于用来提高产量的这类农业操作。特别要指出的是，在20世纪初能够在美国找到的8000个土豆品种中，只有约5%还可以用来消费[384]。

与此同时，农民的数量锐减。在世界上，农业大产业占据了主要位置，小生产者变得越来越少。在1950年至2010年之间，农业生产者在人口中的比例，在发达国家从35%下降到了4.2%，在发展中国家则从81%下降到了48.2%。

当下，一个美国农民要养活155个人，一个德国农民要养活133个人。而在1900年，一个德国农民只能养活4个人。在法国，农民的数量从二战结束时的700万减少到了2019年的90万，即一个农民要养活75个人。但这段时期，法国农业经营场所的数量减少了78.8%，而全国人口增加了2000万。

越来越强大的世界农业食品加工工业

就这样，从 1945 年开始，世界农业食品加工工业变成了一个具有强大的经济、政治和意识形态影响的重要行业。这一行业基本上还是由美国和欧洲掌控：2017 年，它产生了 4.9 万亿欧元的全球营业额，即汽车工业营业额的两倍[448]。

欧洲企业在其中占据了重要的位置，他们采用了跟美国这些竞争者相同的原理和相同的产品。

在该产业的前十位企业中，有五家是美国企业：百事公司（550 亿欧元）、可口可乐公司（310 亿欧元）、玛氏公司（300 亿欧元）、卡夫·亨氏公司（230 亿欧元）、亿滋国际（230 亿欧元）。另外五家是欧洲企业，其中有全球排名第一的雀巢公司（790 亿欧元），接着是联合利华（540 亿欧元）、百威英博（490 亿欧元）、达能（250 亿欧元）、喜力（220 亿欧元）。

美国的总统们经常为美国的企业提供服务。比如，1959 年，美国副总统尼克松就通过谈判为百事公司取得了苏联市场的专营权。

这些企业也在极力获取在下述地方的产品销售权：学校、企业、足球场、停车场、海滩。在 20 世纪 60 年代，百事公司发起了一场颂扬饮食从厨房向客厅过渡的大型运动，推销可以当零食吃的那种食品，即不再是只在餐桌上食用而且可以持续享受的一种消费。

换掉食糖

接着还有更加糟糕的事情出现：越来越强大的农业食品加工工业，出于提高利润的考虑，对原来使用的糖品进行了改变，这对消费者来说是最大的不幸。

直至 20 世纪 60 年代，该行业主要使用从甜菜和甘蔗中提取的蔗糖，而甜菜和甘蔗都不在美国种植。从 1970 年开始，该行业转向高果糖玉米糖浆（high fructose corn syrup，HFCS），这是从美国的玉米中提取的，比进口的蔗糖便宜很多，属于液体，因此在食品加工时亦容易掺入。然而，跟蔗糖和葡萄糖不同的是，玉米的果糖浓度不受胰岛素控制，玉米果糖的食用会导致血液中脂肪和胆固醇的升高。此外，跟水果中的果糖不同的是，玉米果糖跟其他可以抵消纯果糖之毒效的营养物无法结合。因此这绝对是一款灾难性的糖品。

但这丝毫没能阻止高果糖玉米糖浆从 1970 年起进入这些企业的大量产品之中，例如成品菜、苏打水、蛋糕、酸奶、冰淇淋和甜点。于是在美国高果糖玉米糖浆的消费开始飞速增长，从 1970 年的每人每天消耗 0.23 公斤增长到了 1997 年的 28.4 公斤[95]，[225]，[226]。

农业食品加工业趁机提高了消费者对其产品的依赖度，这些产品已经在各大型连锁商店里售卖。第一家沃尔玛于 1962 年开张。第一家开市客（Costco）仓储店于 1976 年开张，当时的名称是“优价俱乐部”（Price Club）。在同一个时期，安托万·里布通过于 1972 年和 1973 年对依云和达能等数个品牌的收购，将里昂一家生产平底玻璃杯和瓶子的小企业改造成了一家世界级的农业食品加工企业。

吃得更多，但是质量更差

在此期间，全球化不仅为西方富豪们的餐桌提供了欧洲和美国的最佳美食，也提供了发展中国家的传统菜肴。

富豪们的餐厅也纷纷转向将亚洲、非洲和南美洲的烹饪糅合。《扎加特餐厅指南》是一本在1979年创建于纽约的新指南，大量地收集了这一类的餐厅。

美食甚至进入了飞机头等舱的餐单。泛美航空公司的餐单由马克西姆餐厅提供，协和客机提供鱼子酱、鳌虾和肥鹅肝，这些在当时还是富人餐的标志[267]。

发展中国家的富人们经常会转向象征着成功的欧洲菜。他们模仿其中的一切，从菜谱到餐具，从上菜顺序到用餐时间。

中产阶级中的高层人士则通过大厨们的烹饪书来模仿富豪们的各种美食，从20世纪60年代开始，这些书在世界各地销路颇好。

中产阶级和西方的穷人从吃正餐转向了吃零食。他们不再是只在用餐时间吃全球农业食品加工工业的产品。为了缓解自己的孤独感，他们会独自一人或跟朋友一起，在白天或夜晚的任何时候走进一家快餐店。

发展中国家的穷人，在有能力的情况下，有时候也会消费农业食品加工业和快餐店的这些产品，即使他们还是以消费用祖先们流传下来的烹饪方法而做的传统菜肴为主，比如蔬菜、肉类、鱼、香料、昆虫。印度的马萨拉咖喱（massala）、塞内加尔的亚萨鸡肉（poulet yassa），其他传统的民族菜肴都还是许多民族的基本食物。他们的饭菜种类更加丰富，吃饭的氛围更加热闹。但或许有一天，这些菜肴也将会在现代快餐的包围中被湮灭。

消费者抵制食糖之不可能的战斗

在各地，无论是用于吃的还是喝的，食糖的使用量都在增长，食品方面的错乱现象也更加严重。

在1975年至2011年期间，世界上肥胖症患者的数量增加了两倍，超过了营养不良者的数量[224]。

食品企业用广告来轰炸消费者，面对这些企业，当地的消费者协会也无法应对。政治家们亦经常承认自己的失败。比如，2013年的美国，纽约州极力要限制餐厅里苏打水瓶子的尺寸，但这项决定却于2014年被纽约最高法院废除。

在欧洲也发生了类似的例子。已经跟美国同行一样十分强大的农业食品加工业，成功地反对了“Nutri-Score”的强制性。这是根据一个带颜色的字母来识别产品的营养标识体系，法国政府从2017年底开始实行该体系，但是对企业不具强制性[379]。

Nutri-Score营养标识体系令这些企业不满，因为，级别最低的产品会贴上橙色或鲜红的标签。“企业欧洲观察”(Corporate Europe Observatory)的一份报告说，这些企业投资了近10亿美元，以便达到这一目的，即不让欧洲以规章来强行推广这种标识体系[315]。

美国的市场和超市也堆满了所谓“低脂”“不含脂肪”“不含胆固醇”的产品。但是，从来不敢说这些产品能够真正地缓减肥胖。与之相反，降低对牛肉和全脂乳制品的消费，带来的却是炸薯条和咸味饼干的消费增长。

某些工业食品因为被添加了一些成分（如欧米伽3、活性双歧杆菌、益生菌……），而被认为有助于改善消费者的健康（康复食品[263]）。但事实上，它们对健康没有任何积极的影响。在企业主的压力之下，欧洲和美国的规章并没有禁止在这些产品的包装上标注具有治疗性质的判断性文字。例如一个生产商在法国虽然不能在一款酸奶包装上标注“补钙预防骨质疏松”，但却能够标注“补钙益骨质”的字样[265]。

某些品牌甚至敢以消费者健康保护神的形象自居，或者自称是环境的保护神。他们要做的只是用跟其营业额相比有如九牛一毛的预算去资助多少有点虚假的相关基金项目。

售卖此类食品的快餐店在继续增多，而且种类越来越丰富。就这样，快餐连锁品牌“赛百味”（Subway）于1965年创立，从2010年起，赛百味在世界上的连锁店数量（在100多个国家拥有4.5万多家店面）超过了麦当劳，并以大量的广告投入来鼓吹其三明治的营养价值。赛百味甚至给自己贴上了“美国人的健康伙伴”之标签，并于2014年资助了米歇尔·奥巴马以“让我们动起来！”为标语的抵制肥胖的运动。然而，这个品牌里配奶酪和料汁的三明治，不过就跟同类的产品一样，相当于一个热量的定时炸弹[445]。

吃饭次数越少，消费越多

餐桌既不再是权力也不再是交流的具有象征意义的场所。在美国尤其如此。如果说白宫的国宴有时候还保留着昔日的荣光，那么，美国的企业管理者们之所以被公众所熟知，并不是因为他们餐桌的豪华，也不是因为他们用餐的时长，更不是因为他们对美食的兴趣。

在其他地方也越来越如此。

人们越来越少地在餐桌上做决定，而是越来越多地在啃着饼干和糖果的办公桌上做决定。在美国、英国，及北欧国家，特别是在日本，餐桌不再是权力的符号。

公务用餐继续存在，但是，（除了在法国，或在后面会提及的几个极个别的地方）公务用餐中享受美食的时刻越来越少，而是越来越多地在会议室里吃盒饭。

家庭聚餐也越来越少了。面对面的晚餐，作为 20 世纪后半期里爱情表白的关键要素，也离人们越来越远。人们以不同于以往的方式相聚和沟通。为讨论提供机会的聚餐的消失令共同观念的形成愈加困难。孤独导致消费增加。孤独中吃各种零食，会不在乎吃什么；孤独中买各种东西，会不在乎买什么。

同样从 20 世纪 80 年代开始，在一个权力之地，在必须做出重大决定的会议期间，人们从来不会吃大餐，甚至也不会吃好菜。例如，在美国总统乔治·赫伯特·沃克·布什发动伊拉克战争之前的数个小时里，白宫让人送了 55 个连锁店做的比萨饼，而此前平均每天也就送 5 个比萨。五角大楼则让人送入 101 个比萨，此前平均每天是 3 个[28]。

在美国电影中所展现的用餐的方式，也意味深长地表现了西方社会的变迁。首先是穿着盛装围桌而坐的贵族之间的社交晚宴，如爱迪生公司出品并由奥斯卡・阿普菲尔于1912年导演的《路人》。而后，在对食物进行工业化加工之后，人们看到了巴斯特・基顿在《稻草人》（1920年）中对用餐的巧妙安排，或者可以看到卓别林主演的《摩登时代》（1936年）中那个会预言的荒诞的吃饭机器。

在两次世界大战均结束之后，在好莱坞电影中，不再是一群人聚在一起吃饭，而是只有一对男女在一起，如《油脂》（1978年）或《当哈利遇到莎莉》（1989年）。甚至是独自一个人在街上吃饭，如约翰・特拉沃尔塔主演的《周末夜狂热》（1977年）中开场时的镜头就是他和外卖比萨。在快餐店日益增多之后，人们即可在塔伦蒂诺导演的电影中看到它们。塔伦蒂诺在1994年执导的《低俗小说》中，就曾把“足尊牛肉堡”夸了一通。

旧时的家庭聚餐经常成为被嘲讽的对象。在《玫瑰战争》（1989年）中，餐桌是争吵的预兆；在《美国丽人》（1999年）中，餐桌是沉重的氛围。在《阳光小美女》（2006年）中，则是令人悲恸的符号。

法国仍在独自抵制：“新烹饪”

法国和世界上为数甚少的其他几个地方一样（如欧洲的意大利，拉丁美洲或亚洲的部分国家），继续在捍卫着自己的饮食模式。

在法国，人们比其他地方都要更频繁地在家里吃饭，用餐的时间会更长，全家聚餐的次数亦更多。公务用餐在法国依然是一种传统，是做出重大决定的场所。

法国的美食甚至会在考虑营养学原理时去重新解读它们，力求避免落入美国模式中那种假装健康的工业化产品的陷阱。

在1973年，在《高勒米罗美食新指南》杂志第54期上，出现了“法国新烹饪”[131]这个词，用来指代某些法国厨师对一种清淡和健康的烹饪方式的追求。在这些厨师之中，有乔尔·卢布松、米歇尔·盖拉尔、特鲁瓦格罗兄弟和阿兰·桑德朗。

这些大厨们反对传承于奥古斯特·埃斯科菲耶并以保罗·博古斯为代表的尚占主流的美食观。他们主张更加清淡的调料、适中的分量、精选的优质食材，主张烹制要快而精。他们的原则于1973年由《高勒米罗美食新指南》公布：1. 分量不要太多；2. 要用优质新鲜食材；3. 缩减你的菜品；4. 不要总是做一个现代主义者；5. 但是要研究新技术能给你带来什么；6. 避免使用腌泡、变味贮放、发酵等等；7. 不用配料太多的调味品；8. 不能不懂营养学；9. 不要偷工减料；10. 要有创意。

这些原则越来越多地被应用，不仅仅被全世界的一些顶级大厨们采用，也被许多普通的女性和男性厨师们采用，特别是被那些充满兴趣地阅读了这些大厨们的烹饪书的业余爱好者所效仿[131]。这些大厨也遭到了其他厨师的抨击，比如保罗·博古斯还是夸耀里昂菜的分量充足和种类丰富。

令人惊讶的是，讲述法餐之持久性的最佳影片之一竟然是1987年出品的一部丹麦电影，片名叫《芭贝特的盛宴》。这部电影由加布里埃尔·阿克塞尔执导，并受到了凯伦·布里克森的一部中篇小说的启发。就聚餐及其交谈如何毁掉一个家庭这一主题而言，拍得最好的是另一部丹麦影片，即1998年由托马斯·温特伯格执导的《家宴》。

因此，如果说在20世纪，这个世界的饮食精华都汇聚在盎格鲁－撒克逊模式的周围，那么，这种模式还会持续辉煌下去吗？

第七章

今天：世界上的富人、穷人和饥馑

全球农业食品加工工业和农业状况

至2019年，世界人口达到76亿[499]，在149亿公顷的可用土地中，在耕种（牧场和森林除外）的只占38%[500]，[501]；3%的世界农业土地（包括17%的美国土地）用于种植转基因产品，主要是大豆和玉米[174]。畜牧业占用世界土地的30.4%。13亿人口属于农民或农民家庭，即一个农民要为5.5个人服务[502]。但每年仍有5000万农民离开土地前往城市谋生。

世界上最大的农场在中国，它就是牡丹江大农场，有900万公顷土地，10万头奶牛。排在第二位的还是中国的农场，即安徽的“现代牧业”，该农场占地450万公顷。紧接着排在后面的8家农场都在澳大利亚。中国东方希望集团的创始人和董事长刘永行是世界上最大的农业企业家，他是福布斯世界百位富豪榜上的10名中国人之一，预计拥有66亿美元的资产。他的弟弟刘永好，也入选“拥有世界上最多农业资产的企业家”之一[437]。斯图尔特和琳达·雷斯尼克是拥有将近2.6万公顷土地的美国农业企业主，他们以40亿美元的资产领先，他们的产品集中在开心果和杏仁这些产品上。紧随其后的是布莱罗·马吉，他是安德烈·马吉的儿子，是巴西大豆航母企业的创始人，曾当选为马托格罗索州议员，并于2016年5月至2019年1月担任巴西农业部部长。

在美国，农业经营的平均面积是176公顷，在法国则是63公顷[179]，在印度是1.16公顷。只有20%的秘鲁农民和4%的海地农民拥有土地所有权[21]。

2017年，在全世界生产的甘蔗有18.41亿吨，玉米有11.35亿吨，大米有8亿吨，小麦有7.71亿吨，土豆有2.88亿吨[446]。非洲的草本植物高粱，在今天属于世界上第六大来自植物的热量，排在它前面的是玉米、大米、小麦、根类和块茎类（如木薯、土豆等）、大豆[286]，[287]。超过一半的大麦、小米、燕麦和玉米用来生产喂养牲畜的饲料。

根据国际农业生技产业应用服务中心（International Service for the Acquisition of Agri-biotech Applications，ISAAA)的一项研究，2016年，在全球范围内，有1.85亿公顷的土地用于转基因产品的种植，共涉及26个国家的1800万农业生产者。转基因产品种植最多的5个国家分别是美国（7290万公顷）、巴西（4900万公顷）、阿根廷（2400万公顷）、加拿大（1160万公顷）和印度（1080万公顷）。4种主要的转基因农业生产产品是大豆、玉米、棉花和油菜。世界上种植的78%的大豆属于转基因产品[174]。在欧洲，从2017年至2018年，生态农业的种植面积增加了50万公顷。在法国，耕地的6%属于绿色农业，在奥地利则达到20%。在欧洲，从事生态农业的农民中，24%是女性。这种比例在拉脱维亚达到了41%。

畜牧业占全球农业生产总值的40%。每年，人们宰杀的动物将近600亿只，即7.2亿吨。世界贸易中的牛肉，有超过一半是以碎肉牛排的形式存在。2017年，世界上头号牛肉生产国是美国，共生产了1200万吨，然后是巴西（950万吨）、欧盟（780万吨），然后是中国（700万吨）和印度（425万吨）。

阿根廷的牛肉产量是 275 万吨，仅排在第六位。

每年全球共消费生猪 12 亿头，其中一半是在中国。生猪一般存栏 6 个月，猪还是以加工后消费为主。

在 2018 年，全球共消费 1.23 亿吨的家禽肉。

据估计，每年全球共有超过 2500 万只狗被吃掉，虽然还允许吃狗肉的国家已经不多，但中国、韩国、印度尼西亚都属于主要的狗肉消费国[438]。

今天，将近 30% 的鱼和甲壳类动物的饲养依靠价值最低的鱼粉（鳀鱼、鲭鱼、沙丁鱼），这些鱼粉的生产占世界渔业产品的 10%。

很难精确地估算世界上的昆虫消费量，食用昆虫仍属于某些民族自给自足的手段之一，他们会直接从周边的环境中获取昆虫。总之，将近 2000 种昆虫成为超过 20 亿人口的重要食物。据联合国粮食及农业组织（Food and Agriculture Organization of the United Nations，FAO）估计，在非洲的某些地区，昆虫的消费在每年的蛋白质消费中占比高达 30%。比如，在中非共和国，住在森林中的居民有 95% 只能依靠吃昆虫来摄入蛋白质。在南部非洲、南美和东南亚地区，在当地的村庄集市或街头摊位上，都会有昆虫出售[172]。

世界上有超过 10 万种的藻类，但是，只有极小的一部分才被用作人类的食物（145 种）。总体上来说，藻类富含维生素、矿物质和蛋白质，热量却很低，但是因为含碘量过高，人们不敢过多地消费。

在消费最多的藻类中，有红藻（海苔、掌状红皮藻）、棕藻（裙带菜、海带）和微水草（螺旋藻）。在世界上被吃得最多的是裙带菜，通常被称为海蕨菜（fougère de mer），它的含钙量高于牛奶，而且含有大量的维生素（B_1、B_2、B_9、B_{12}、C、K）。海苔因为富含蛋白质（约 40%）而被素食主义者青睐。海带富含纤维，也很受欢迎[199]，[367]。

农业领域的产品离开生产国国境的占比很小。世界上只有 20% 的小麦是出口的，欧盟的农业食品加工品只有 32% 是出口的，美国人约出口 20% 的农业产品（其中核桃是 79%，杏仁是 67%，开心果 62%，大豆 50%，大米 55%，小麦 46%，但是家禽只有 16%，牛肉只有 10%）[476]。

中国是一个极端的例子，中国需要养活世界上 20% 的人口，但是只占世界耕地面积的 7%，淡水占世界淡水储备的 6%。中国农业只占国内生产总值的 8% 左右。中国是世界上最大的大米、小麦、土豆生产国，也是世界上第二大玉米生产国。中国是世界上最大的猪肉生产国和第二大家禽肉生产国，世界上一半的猪养在中国[477]。但这一切都只供国内消费。

此外，中国是农业食品加工品的净进口国。进口的大豆超过 8000 万吨（主要从美国和巴西进口）[478]，进口的儿童食品总值 40 亿美元，棕榈油总值 34 亿美元[479]。在 2017 年，中国在海外还拥有 1000 万公顷的农业用地，主要分布在澳大利亚、东南亚和非洲[480]。这些海外土地的生产仅供应中国市场。

甚至富人们也抛弃了餐桌

最富有者和最贫困者之间，甚至是中产阶级和最贫困者之间的饮食差距非常巨大，并一直在不断增大。

今天，除了在法国和极少数的其他几个地方，吃得好不再是权势的象征，餐桌不再是权力场所。富豪们宁愿拥有住宅、汽车、游船、艺术品，他们主要的消遣是旅游、运动、探险。他们光顾非常豪华的餐馆只是为了消费得更多，特别是为了品尝高档美酒。在2018年和2019年，韩国和中国有40来家餐厅入选世界上1000家最佳餐厅[526]。西班牙、美国和英国也有越来越多的餐厅进入这份榜单，还有很多俄罗斯和非洲的餐厅。新兴发展中国家的豪华餐厅也越来越多。

为了吸引富豪们，世界上某些最奢华的餐厅推出一些越来越荒诞的菜肴，包括极端奢侈的食材或来自实验室的食材。在拉斯维加斯的曼德勒海湾酒店(Mandalay Bay)里，有一家叫作“鲜花”(Fleur)的餐厅，推出一款“鲜花汉堡”，以和牛肉(Wagyu)、肥鸭肝和黑松露为食材，再配一瓶1995年的波尔多柏翠庄园(Chateau Petrus)葡萄酒，报价为5000美元。大厨安东尼·路易·阿杜利兹掌勺的西班牙Mugaritz餐厅，推出了一款“高岭土土豆”(patatas kaolin)，这道菜看上去好像是一些石子堆放在沙砾上面，其实是插在高岭土中的一些土豆。朱利安·宾兹是同名星级餐厅的法国大厨，餐厅位于阿尔萨斯的阿梅尔斯克维，2018年，他烹制了一顿完整的饭菜，既不用水果，也不用蔬菜、肉、鱼，而是只用原始的成分，比如蛋白质、脂肪和维生素，它们通过对经典食材的破碎来获取，他把这种烹饪法称为“实打实烹饪”(note à note)[188]。其实，他们只是以美食为借口，用原始的营养元素来制作美食。

这些厨师也不再将自己视为工匠，而是自视为艺术家。其实他们就是艺术家，就像他们的前人一样，他们的作品都是昙花一现，既不能重复出售，也不能储存，不能租用，不能为大众提供。它们只能受到那些消费时摧毁它们的顾客的喜爱。如同在其他的艺术形式中，这些艺术家中的某些人会以离奇的价格来出售他们的作品。有几位厨师甚至因此名扬四海，顾客会从世界各地赶来，到他们店里消费他们的作品。有些厨师甚至再也不用回到炉灶面前，他们只需发明一些菜谱，确立他们的助手使用产品的质量标准，就如意大利文艺复兴时期的大画家们那样，只是在画室里让学生和模仿者画画。就这样，他们依旧能够在死后长存于人们的记忆中，比如保罗·博古斯和乔尔·卢布松就是如此。

中产阶级混杂着吃

在富裕国家中，城市化了的中产阶级越来越多地吃标准化的食物：白面包、蔬菜、白肉、牛肉、鱼、面条、水果、巧克力、食糖、香料、农业食品加工业和快餐店的产品。他们喝的是苏打水、啤酒和咖啡。新兴发展中国家的中产阶级渴望相似的消费水平和生活方式，同时继续以极为迥异的传统菜肴的消费为主。这种混杂是双向的，在亚洲的菜肴入侵欧洲时，欧洲的菜肴也同样在入侵亚洲。在法国，中餐馆或日本料理的数量要多于源自美国的快餐店数量。

因此，饮食的全球化不是以西方模式为中心的统一化，而是以各地主食为特色的具有区域性差别的混杂。在一道具有极为明确的地理源头（比萨、爱尔兰炖肉、俄罗斯甜菜浓汤、古斯古斯、越南小春卷、墨西哥玉米粉饼等）的流行菜中，每个人都可以根据自己的文化加入想用的食材。

就这样，每年在全世界被吃掉的各种各样的比萨饼接近300亿份[481]。美国人每年消费的比萨数量约为30亿份，属于第一大消费者[482]，法国在

2016 年消费了 7.45 亿份比萨，排在第二位[483]，其后是意大利。

中国人在不同的省份吃的菜很不一样，饺子倒是到处都有，这是一种用软粒小麦粉做成薄皮包裹各种馅料的食物。

印度尼西亚的国菜还是“印尼炒饭”（nasi goreng），这是配大豆和各种调料（分葱、大蒜……）的炒米饭。

在印度，每个邦都有自己的菜肴，从唐杜里烹饪和旁遮普扁豆到古吉拉特邦的精妙素食。

在埃塞俄比亚，国菜是 wat，即加各种调料的炖肉，主要调料是“贝尔贝尔”（berbéré），属于典型的埃塞俄比亚调料（将小豆蔻和辣椒跟其他调料掺杂在一起的那种）；菜会摆在“英杰拉”（injera）上来吃，英杰拉是一种用苔麸（非洲之角一种个头细小的谷物）粉做的饼，几乎是每一顿饭的主食。

巴西人吃黑豆饭（feijoada），用猪肉和豆类做成。秘鲁人吃 pollo a la brasa，一种腌制过的烤鸡。

阿根廷人吃 empanada，一种肉馅卷边饼。

还有，尼日尔人吃 ofada，一种牛肉炖菜。

这些菜混杂在了一起，全凭厨师们根据真实的体验或其个人想象的调和进行烹饪。

甚至那些看起来是统一的食品也有很大的差异。例如，咖啡根据做法不同分门别类，有土耳其式咖啡，也有英式、意式、美式或法式咖啡。同样，可口可乐在不同的国家还有 15 个左右的品种[503]。麦当劳的“巨无霸”（Big Mac）也几乎有同样多的品种。

不过在印度，人们继续以吃大米或小麦为主，根据家中某一方的血统源自何地而有所不同，比如东部诸邦的西孟加拉对水稻种植依赖程度很高，西北部诸邦的拉贾斯坦在饮食中几乎见不到大米[484]，[485]。这种谱系在中国和俄罗斯也可以溯源，而且在2000年里未曾有过变化。

最贫困者继续死于饥饿或死于食物

至2017年，每年依旧有910万人死于营养不良，其中310万属于未满5岁的儿童，这一数字占死亡儿童的三分之一。8.15亿人还吃不饱[157]，20亿人营养摄入不足，1.55亿儿童因为营养缺乏而发育滞后[187]。在撒哈拉沙漠以南的非洲，四个人中即有一个属于营养不良。在这一地区，社会保障缺失，一半以上的家庭生活在极端贫困之中，每天的收入不会超过1.25美元。这些家庭根本不可能借到钱来投入能够产生收入的农业活动之中，因此，农业活动只能够在家族圈子里进行，孩子们不会被送到学校，家庭无力在健康方面付出费用，极度贫困由此代代相传。

此外，跟中产阶级相比，最贫困者在饮食方面的支出比例要高很多。如果说在西方中产阶级的“家庭预算”中，饮食支出只占约15%，那么在整个刚果的人口中，饮食支出所占的比例超过60%[486]。

为了减少预算中的饮食支出比例，发达国家的最贫困者会消费一些工业化生产的非常廉价的产品，在前文中我们已经看到工业化产生的条件和推行的方式。在这一切产品中，为了让它们变得更加受欢迎并让人上瘾，企业主们更是在里面添加越来越多的防腐剂、着色剂、甜味剂等各种添加剂（增强食品的味道和/或香气的物质）[295]。对这些产品的消费者来说，新鲜的果汁早已经被添加了人工食糖的人工原汁替代。出售的“蜂蜜面包”所含的成分是醋、棕榈油、乳化剂、糖和方便保存 3 ~ 4 个月的防腐剂[504]。火腿中添加了食糖和硝酸盐。有些奶酪不含一滴牛奶。有些廉价比萨中的莫泽雷勒干酪，往往只是用淀粉、胶凝剂和增稠剂做成的[447]。

最贫困者实际上已经不再吃任何水果、蔬菜、新鲜的鱼。一个贫穷的美国人今天要吃超过正常需求 20 倍的红肉、超过正常需求 10 倍的家禽肉，但是只吃不到需求量一半的蔬菜，水果也达不到正常的需要。一个生活拮据的法国人，要吃超过正常需求 11 倍的红肉和超过正常需求 2.5 倍的家禽肉。在整个欧盟国家，都是这种比例，总是吃不到正常需要一半的水果和蔬菜。一个生活贫穷的非洲人的情况则更加糟糕，他会吃超过 7 倍需求量的含淀粉食品。所有人在坚果和豆科食物方面都吃得不够多[161]。那些过度加工的食品是专门为这些最贫困者生产和消费的。

这种灾难性的饮食所带来的后果在所有国家都是可怕的：

2017 年，在美国，华盛顿大学的一项研究表明，每年死于心血管病的 40 万人都可归因于恶劣的饮食习惯，这种情况在最贫困者人群中尤为普遍。

在英国，《英国医学杂志》于 2018 年公布的一项针对一个包含 10.5 万人群体的研究发现，对过度加工的食物的习惯性消费和患癌风险之间存在关联[152]。

在法国也同样如此。根据国家健康与医学研究院（INSERM）提供的数据，“在饮食中增加 10% 的过度加工食品，结果显示整体会增加超过 10% 的患癌风险，特别是患乳腺癌的风险”[440]。此外，法国公共卫生局于 2018 年公布的一项研究显示，在 2008 年至 2013 年期间，在法国，共有

150万例食物感染，每年有1.7万人入院治疗，200人死亡。特别是沙门氏菌病（沙门氏病菌感染，跟肉没有煮熟或在各个环节中出现了冷冻保温措施中断有关）就在死亡者中达到了25%的比例[153]。

家庭聚餐几乎消失了

今天，全世界的中产阶级都过于经常地去模仿美国的模式，厨房朝着室内敞开，唯一的起居室将客厅和餐厅合在了一起，吃饭和交谈的特定场所不复存在。早餐变得越来越随意，父母和孩子都不再坐在餐桌上享用。在最小和最新的公寓里，甚至已不见了厨房。

对于最贫困者来说，如同那些中产阶级，午饭主要在食堂里或在工作岗位上解决。今天，各地吃午饭的时间都变得非常短，甚至在欧洲也是如此，欧洲的工薪阶层午饭时间大约是22分钟。

总体而言，美国人平均每天在餐桌上花费的时间是1小时2分钟，中国人是1小时36分钟，印度人是1小时19分钟。北欧国家的居民在餐桌上度过的时间（瑞典人1小时13分钟，爱沙尼亚人是1小时16分钟，芬兰人是1小时21分钟）要比欧洲南部国家差不多少一半（西班牙人、希腊人和意大利人在2小时2分钟和2小时5分钟之间）[448]。

头盘和甜点的数量明显在减少。人们吃越来越多的可以吃得很快的食物，而且吃饭的地点不再固定了。这类食物有三明治、寿司、比萨、玉米粉饼、烤串。不过，坐在餐桌上吃的也还有。摆在餐桌中间大家一起吃的亚洲菜，就特别适合这类吃法。

继续做饭的人在厨房里花的时间也很少了，往往是使用预先备好的由许多供应商送上门的食品。在2013年，“户户送”（Deliveroo，英国公司，由威尔·舒〈Will Shu〉创建）和“食易”（Take Eat Easy，比利时）成立。2014年，“食朵拉”（Foodora）在德国由一家名为“火箭互联网”（Rochet Internet）的计算机信息公司成立。“食易”在2016年被竞争对手挤垮而关闭。“优步”（Uber）从2014年起推出了“优食”（Uber Eats）送餐服务，使用了小摩托车、自行车或汽车送餐。

晚餐也在越来越多地消亡。随着餐厅的消失，人们坐在餐桌边吃饭的次数越来越少，而且即使坐在餐桌边吃饭，每个人也都越来越多地掺入了餐桌之外的东西。人们普遍是对着手机屏幕吃饭，吃饭的氛围和家庭的氛围都会因这种行为而被破坏。

由此，食物也越来越成为次要的东西，成为其他活动或娱乐的附属品，越来越少地以聚餐的形式出现。人们总是对着自己的手机屏幕吃东西。有些公司甚至开发出了可以附在手机上的餐具，这样就可以边玩手机边吃饭。

在西方，星期天的家庭聚餐也在一点点地消失。在美国，对感恩节重大意义的强调甚至反映了家庭聚餐之难得，仿佛一家人每年只有一次聚在一起吃饭的机会。

然而，烹饪书还是卖得很好。食物甚至变成网络社交的一大热点。分享一张照片，收获评论和点赞，足以创造出一种食物分享的感觉和社会满足感。在2017年4月，《金融时报》宣称有2.08亿张照片上传在“照片墙”（Instagram）上并使用了“食物”（ # food）这个主题标签。据统计，在2017年10月，五个英国人中就有一个在网络上分享了他们所吃的东西的照片[189]。

在韩国甚至出现了一种虚拟的集体用餐的极端形式——即“饮食社

交”(Social Eating)，其做法是在吃饭期间开着自己的摄像头，可以观看另一个人吃饭或自己看自己吃饭。韩国女子朴舒妍（Park Seo-yeon）每天在直播吃饭时都会有成千上万的网民观看。

婴儿食物

根据世界卫生组织的建议，婴儿在出生后的前 6 个月里必须只用母乳喂养，因为母乳富含抗体[365]。这些建议在低收入和中等收入国家得到了广泛的遵守，但是，在发达国家里却被置若罔闻。根据在《柳叶刀》杂志上刊发的一项 2016 年的研究显示，在富裕国家，婴儿出生之后的前 6 个月里，五个婴儿中只有一个是用母乳喂养的，而在发展中国家比例几乎达到了 100%[121]。如果在发达国家也能够遵守世界卫生组织的建议（这是在岗女性的生活条件受到限制的地方），那么，在全世界每年可以挽救约 80 万儿童的生命，并且可以避免出现大量的病理现象（腹泻和肺炎）[365]。同时，因为没有解决女性回归就业市场的问题，也不可能充分地延长产假，所以这方面的问题没有得到丝毫改善。

因此，欧洲和北美这两个地区的消费，占据了整个儿童食品市场的 40%，亚洲占 50%。在非洲、中东和拉丁美洲，市场还极不发达，只占 10% 左右。《研究与市场》（*Research And Markets*）的一项调查显示，全球婴儿食品包装市场在 2017 年已经高达 500 亿美元。两个欧洲企业，即达能（主要是其下属公司贝乐蒂）和雀巢控制了这些产品在全球市场约 80% 的份额[364]。

在学校里吃饭

在许多国家，上学的孩子们实际上都是在食堂里吃午饭。有时候，这顿午饭是一天里唯一的一顿饭。

在法国，从小学到中学里，有600万学生每天都在食堂里吃饭。一项法令规定了食堂必须执行的营养标准，内容涉及“所提供饭菜的品种和构成，分量的大小，水、面包、食盐和调料的供应，每顿饭必须提供四五道菜（头盘和/或甜点，含蛋白质菜、配菜、乳品），菜品必须多样化（多样化的计算根据脂肪、糖、盐和其他营养摄入的频率，根据连续20顿饭计算），规定的分量，所提供菜品的记录必须保留三个月”。根据法国消费者权益保护协会（UFC-Que Choisir）在2013年的调查显示，淀粉类、蔬菜和乳品的消费符合规定的要求，但是肉类和鱼类离要求还相差甚远，甚至有些菜的营养价值极差，远远不能满足需要（比如外裹面包粉的炸鱼、油炸肉片卷火腿奶酪……）[177]。

美国从2011年起，在小学和中学的食堂里开始实行严格的营养标准，而之前，这方面的约束是微乎其微的，学生们几乎每一顿饭都会吃薯条。对于许多美国学生来说，引入蔬菜，更加全面地平衡营养，刚开始时令他们难以接受，他们甚至将蔬菜扔进了垃圾桶，甚至会不吃饭了[340]。

后来，有的学校里设立了食品售卖机，这给孩子们的饮食制度带来了灾难性的后果。

2014年，米歇尔·奥巴马在美国发起了以“让我们动起来！”为标语的抵制肥胖运动，从此，这些自动售卖机不再售卖巧克力棒或特甜苏打水，取而代之的主要是盒装脱脂牛奶或果汁。然而，大量的美国青少年对此抱怨不已，尤其是在推特上贴出了“还给我们小吃”（# BringBackOurSnacks）的主题标签[340]。

工作餐

人们越来越多地在办公室吃饭，比如一份三明治或一份沙拉，三明治、沙拉是从家里或附近的店里带过来的[276]。

特别是盎格鲁－撒克逊人，他们践行的做法是“三明治＋屏幕”。在美国，甚至连上班时站着吃饭的现象也很常见。62% 的美国上班族常常是在办公室里午休，其中还有一半的人在独自吃午饭[296]，[297]。他们的午休时间也在缩短，2014 年是 43 分钟，到 2018 年，则连 30 分钟都不到了[298]。此外，社会压力对这些做法也有很大的影响，四分之一的美国老板认为，一个常常在中午午休的员工，他的工作产出会低效一些，而 13% 的员工担心，如果中午休息会被同事们另眼相看[299]。

在东南亚，两个员工中就有一个会每周至少两次坐在办公室里吃饭。

在中国，工作日的工作时间幅度很大，午休时间也更长，一般会有一个半小时，甚至两个小时。在午餐之后，往往还会有半个小时的午睡时间[300]，[301]，[302]，[303]。

在印度，主要是在孟买，办公室里的员工几乎每顿午餐都是吃家里事先准备好的饭菜，但是，这些饭菜并非由他们自己带到办公室来，而是另有街头的送饭人，即被称为“达巴瓦拉”（dabbawalas）的人，他们会将各家做好的饭菜送到工作地点。这套系统非常规范，有专门的收集点和派送点，他们用标注颜色的编码来识别准确的地点。达巴瓦拉们同时也会回收空盘子并将它们送回家里。在孟买，每天有将近 5000 名达巴瓦拉派送 20 万份盒饭，派送的差错率是百万分之三点四[505]。

西班牙人的时间表非常特别，他们的午餐是下午 2 点，有时候餐后还会午睡一下，下午的工作时间会持续到晚上 9 点。

在法国这个非同寻常的国家里，午间休息的持续时间还是较长的，即便很快就被缩短了也是如此（从 20 年前的一个半小时缩到了现在的 50 分钟）。如果至少有 25 个员工希望在企业吃饭，那企业就必须开辟出一个地方供他们吃饭用，里面要配备桌子、椅子、一个烤炉、一个冰箱和一个自来水龙头[275]。今天，大部分法国企业的餐厅也腾出了一个用于外卖的空间，这个空间就变成了放松之地或继续吃零食的开放之地。还有 15%~20% 的工薪族会从家里带午餐到办公室。

在世界上的很多企业里，咖啡室代替了餐桌成为主要的交流场所。人们在此匆匆一聚，而且经常是偶遇，在咖啡室建立的关系普遍属于浅淡和短暂的关系。

纯素食主义风靡全球

约有 10% 的英国人口是素食者，意大利是 9%，德国是 9%，以色列 8.5%，美国 7%，加拿大 4%，法国 2%。在法国，有三分之一的家庭自称为“弹性素食主义者”（flexitarien）[407]。总体而言，成年法国人在 2003 年至 2015 年期间减少了 15% 的肉类消费[488]。根据植物性食品协会 (PBFA,Plant

Based Foods Association) 的一项调研显示，在 2017 年，美国的素食食品市场达到了 33 亿美元的规模，比上一年增长了 20%[489]。根据纯素食协会 (Vegan Society) 提供的数据，非肉类食品的需求在 2017 年增长了 987%[366]。

动物的击晕流程对于减少动物在屠宰之前的痛苦非常关键，这在某些国家也属于必不可少的环节。在加利福尼亚地区，从 2017 年起，鸭和鹅的填喂式饲养被禁止，因为这种做法被视为对动物的一种残忍。

在法国，1997 年颁布的一项法律改变了 1993 年出台的一项欧洲指令的规定，即“在卸载、运送、收留、捆绑、击晕或屠宰等操作过程中，必须采取一切措施来减少动物可以避免的一切刺激、疼痛或痛苦”[494]。

此外，一旦一个动物变成家里的宠物之后，就不得再被宰杀。

纯素食主义者主要是吃各种形式的豆腐和大豆，因为豆腐和大豆属于蛋白质浓缩的食品。

昆诺阿苋变得极其重要，它来自玻利维亚和秘鲁，已经在多个国家种植：北美（加拿大和美国）、北欧（丹麦和瑞典）、南欧（意大利）、非洲（肯尼亚）、亚洲（喜马拉雅山地区和印度）等。在法国，主要在中央－卢瓦尔河谷大区种植。人的身体无法自行生产并且主要是从肉类中摄入的必不可少的各种氨基酸，在不多的植物里面才全部含有，昆诺阿苋属于其中之一。昆诺阿苋不含谷蛋白，其脂类中主要含有被看重的脂肪酸（欧米伽 3），含有矿物质、微量元素（锰、铁、铜、磷、钾）、纤维、碳水化合物（70%）和富含氨基酸的蛋白质（15%）。最后，它还可以带来维生素 B 和维生素 E。昆诺阿苋作为米或面的替代品被推广，在 2013 年，联合国支持的一项推广运动令其消费量大增[402]。

宗教饮食

在印度，大部分宗教的饮食规矩都导向做一个素食者。然而，阿育吠陀的饮食制度还是仅代表一个 30 亿美元规模的世界市场[413]。

在伊斯兰教国家，饮食符合宗教规定，清真食品在 2016 年拥有一个 2450 亿美元的市场，即占世界食品市场总量的 16%。伊斯兰教消费者中有一半在亚洲（尤其是在印度尼西亚、巴基斯坦和印度）[167]。在 570 万法国穆斯林中，有 84% 声称每天都吃清真肉类，这些清真肉类在 2016 年占有一个 60 亿欧元的市场。

犹太教食物市场预计在世界上达到 210 亿美元的规模，在欧洲是 45 亿欧元，在法国是 3.77 亿欧元[168]。

昆虫消费

我们看到，人类一直以来都在食用昆虫。尽管生活方式趋于统一，但是吃昆虫现象在今天依然持续存在，并且在最穷苦人家那里甚至还有所发展。

像鱼类一样，昆虫不属于个人的财产，人人皆可得之。今天，约有 25 亿人（主要在亚洲、非洲和拉丁美洲）以 2000 种可食用昆虫中的一部分为食物。有些昆虫（特别是黑水虻的幼虫、普通家蝇、黄粉虫）也被用来喂养动物[172]。

亚洲是昆虫消费最多的一个洲，亚洲人吃 150 至 200 种不同的昆虫。泰国是世界上最大的昆虫生产国和消费国，可食用昆虫种类将近 200 个。在城市和乡村中，泰国人消费最多的种类是蝗虫、蚱蜢和蟋蟀，可以油炸，加辣椒和酱油，或用锅煮蝗虫，蝎子烤串，凉拌柠檬皮烧酒红蚂蚁。在老挝，人们吃放在可可奶里煮的或直接烤的犀金龟幼虫。在整个东南亚地区，红象虫被看作是一种甜点，而且人们用淡水蝽做调料[442]。在中国和日本，人们吃蚕蛹，或油炸或用它炒鸡蛋。

在南美地区，人们吃得最多的是蚱蜢（特别是在委内瑞拉）、蝽象、潜水蝽（在墨西哥跟肉类一块吃）、蚂蚁（作为开胃小菜，主要在哥伦比亚）和墨西哥的蝶蛹。南美地区的主要菜品有“ahuahutle”（作为玉米粉饼馅的水蝽卵鱼子酱）、“chapulines”（炸蝗虫，加调料，放入墨西哥玉米卷饼）、“mezcal”（一种用龙舌兰和蝶蛹做的墨西哥饮料）[441]。

在非洲，昆虫主要在雨季里被食用，因为这段时间里无论是狩猎还是渔猎都无法进行。人们吃的昆虫种类超过 1900 种。其中主要有鞘翅目昆虫（31%），毛毛虫（18%），蜜蜂、蚂蚁和胡蜂（14%），然后有蚱蜢、蝗虫和蟋蟀（13%），蝉和介壳虫（10%），白蚁（3%），蜻蜓（3%）和苍蝇（2%）。“莫桑虫”（ver mosan）是在博茨瓦纳、纳米比亚、津巴布韦和南非极受喜爱的富含蛋白质的一种食物。根据联合国粮食及农业组织的数据，在中非共和国的乡村人口中，有 95% 需要靠吃昆虫来维持生存。91% 的博茨瓦纳人和 70% 的刚果人吃昆虫。在作为典型食虫国的刚果民主共和国，每户家庭每周的昆虫消费达到 300 克。在中非共和国，毛毛虫也是饮食中的重要组成部分，尤其是对俾格米人来说更是如此。在南非，在比尔和梅琳达·盖茨基金会的援助下，人们设立了专门的昆虫生产部门，主要是生产黑水虻。在尼日利亚和安哥拉，人们也吃很多白蚁，熟吃或生吃都有。在马达加斯加，人们吃放在黄油、大蒜和香芹里炒的胡蜂幼虫。人们估计在南部非洲地区，每年约有100亿条莫帕纳虫（长在莫帕纳树上）被捉来吃掉[172]。

在一些国家里，最贫困者还在吃昆虫，食虫行为逐渐地被视为一种过时的做法。

欧洲也在消费昆虫，只是没有受到关注而已。在2010年，荷兰昆虫学家马塞尔·迪克预计，每个欧洲人每年无意间消费的昆虫数量在500克至1公斤之间，它们以残留的形式被隐藏在水果和蔬菜做的产品里（果汁、汤类、罐头……）[171]。例如，进入许多糖果、蛋糕、鱼子酱和包括可口可乐在内的各种汽水之成分的食品着色剂E120，就是根据南美洲胭脂虫（Dactylopius coccus）提取的胭脂红酸所制[171]。

欧盟于2017年7月准许利用7种养殖的昆虫：黑水虻（Hermetia illucens）和家蝇（Musca domestica），黄粉虫（Tenebrio molitor）和黑粉虫（Alphitobius diaperinus），家蟋蟀（Acheta domestica）和热带地区的短翅蟋蟀（Gryllodes sigillatus）、草原上的田野蟋蟀(Gryllus assimilis)[289]。美国于2016年就已经准许使用黑水虻幼虫作为养殖鱼类的食物[449]。

从2018年1月1日开始，欧洲给予了昆虫“新食品”的地位，“新食品”被定义为“于1997年5月15日之前在欧盟内部被忽略了的人类消费的食品”[284]（其中除了昆虫，还包括转基因产品、微生物产品、藻类、矿物质食品或纳米材料食品）。欧洲食品安全局（EFSA）于2015年鉴定了昆虫消费相关的若干风险：对可能存在的生物、化学、细菌和过敏等方面的危险的科学研究尚不充分；化学危险（昆虫本身或环境所带来的有害物质）；物理危险（昆虫身体的坚硬部分可能会在人体内消化时带来损害的风险）；过敏反应危险；微生物危险（昆虫所携带的寄生虫、病毒、细菌、真菌）[169]。

国际食品法典标准 (Codex Alimentarius，联合国粮农组织和世界卫生组织于 1963 年创立的农产品安全相关标准汇集) 禁止整个昆虫出现在用于出售的面粉或种子里面，但是容许抽检样品里存在 0.1% 的昆虫碎片[380]。

法国特例在持续

诚然，对所吃食物质量最不在乎的那些国家获取了最大的经济效益，但是，它们在文化认同方面的损失也是最大的。与之相反，那些喜爱吃饭并喜爱在餐桌上消磨时光的国家，由于比其他国家的工作时间要少，所以他们的商业增长要逊色一些，然而，其文化认同却比其他国家要更多地保留了下来。法国、意大利和其他几个国家，都属于这类特殊的例子。

诚如我们所看到的，至少 10 个世纪以来，法国人与餐桌保持的关系依旧是非同寻常的。2019 年，他们每天在餐桌上平均度过的时间是 2 小时 11 分钟，即比经合组织（OCDE）的其他国家（平均是 1 小时 31 分钟）都要长很多，也是美国人的两倍。[395] 法国同时也是最遵守吃饭时间的国家，一半的法国人在 12 点 30 分和 13 点 30 分之间吃中饭。

10 个法国人中只有一个在吃早饭时看电视，5 个人中有一个在吃中饭时看电视，4 个人中有一个在吃晚饭时看电视，这比其他国家在吃饭时看电视的人要少很多。

日常的传统聚餐，即一家人围桌而坐的聚餐，仍然还得到了三分之二法国人的赞成。一般而言，这种聚餐的质量都是不错的，除了在最穷困者家中无法如此。在法国，除了维生素D（45%的法国人欠缺），维生素C（在烟民身上欠缺），有时候还有叶酸（在孕妇身上欠缺）……不存在维生素不足的情况。

2010年，第一次有一个国家的美食（法国的美食）被列入联合国教科文组织的世界遗产名录。教科文组织对这类用餐的定义非常严格，仅限于家庭节日的聚餐："法国人的美食聚餐是一种社会风俗行为，用于庆祝个体或群体的生活中最重要的时刻，比如出生、结婚、成功、重逢。它是客人趁此机会发挥'吃好'和'喝好'之艺术的一种节日盛餐。这种美食聚餐强调的是享受愉快的相聚，享受味蕾的快感，享受人类和自然生产之间的和谐。……美食聚餐必须遵守不可动摇的程序，以开胃酒开始，以助消化酒结束，中间至少4轮菜，即头盘、鱼和/或配蔬菜的肉、奶酪和甜点。美食聚餐凝聚了亲情和友情，而且促进了社会关系的和谐[274]。"

联合国教科文组织通过该定义看到了交谈的作用，在此无须看完全文即可明了：法兰西的特性正是通过这种聚餐得以构建的。家庭、用餐、人口、菜肴、文化、民族认同，它们维系着一种极其特殊的关系，昨天如此，今天也同样如此。

糖、肥胖和死亡

在过去，跟饮食相关的疾病（营养不良、坏血病、霍乱）主要是跟食品短缺有关，甚至还会有人死于饥饿。

今天，确实还有人死于饥饿，但也有人会死于饮食过度。在 2019 年，约有 20 亿成年人体重超标，6.5 亿人属于肥胖者[224]。在 2 岁至 18 岁的美国人中，6 个中有一个是体重超标或肥胖。在中美洲、南亚和撒哈拉以南非洲地区，这种现象越来越严重。在法国，700 万成年人（即 7 个中有一个）是肥胖者，50% 的成年人体重超标。

出现这种现象的主要原因应当归咎于人体对糖的过量摄入，尤其是苏打水和工业化食品喝得、吃得过多。2015 年，平均一个美国人消费的糖是 46 公斤，一个法国人是 35 公斤，一个德国人是 37 公斤，一个英国人 34 公斤，一个印度人是 18.5 公斤[450]，[451]，[452]。而世界卫生组织的建议是，每年每人的糖摄入量不要超过 18.2 公斤。在美国，高果糖玉米糖浆在家庭用糖中占比 22%，即每人每年 18 公斤[450]。

肥胖导致糖尿病患者增多，根据国际糖尿病联盟的数据，2017 年世界上共有 4.25 亿人患有这种病症。糖尿病患者的数量，从 1980 年占世界成年人口的 4.5% 上升到了 2017 年的约 8.5%[490]。

肥胖也会导致骨骼肌肉问题（关节病）和心血管疾病（世界卫生组织将之确认为世界上第一大死亡病因）。同样，糖还会导致某些癌症和某些退化性病理的发生[312]。

医生甚至明确将“苏打水病”或“肥肝病”命名为非酒精性脂肪性肝炎(首字母缩略为NASH)，即肝器官在糖分摄入过量导致脂肪储存受限之后产生的肝炎。因为这种病兆出现较晚，所以很难及时诊断，在工业化国家内部，这种病的患者增加很快。在美国，该病也成为当今需进行肝移植的第二大因素[512]。

总之，根据欧洲委员会的数据，每年都有280万欧洲人死于跟肥胖有关的疾病。在欧盟，针对肥胖的治疗至少占了各国健康预算的7%[491]。

杀手不仅仅是糖

更加普遍的情况是，在糖或食物滥用之外，不健康的饮食也会导致慢性病、癌症、抑郁症。

烧的红肉和加工的肉类产品会产生致癌化学物，比如多环芳香烃(HAP，hydrocarbures aromatiques polycycliques)和N-亚硝基类化合物。在2015年，世界卫生组织国际癌症研究中心(CIRC)将红肉列为“可能是人类的致癌物”。数项流行病学研究显示，在吃红肉和患直肠癌之间存在正向的关联，而且，如果不加任何控制，还有患胰腺癌和前列腺癌的风险[290]。

更加严重的是，加工的肉类(火腿、香肠、大红肠、罐头肉和肉酱……)已经被明确视作跟烟草和酒精同类的“致癌物”。每天消费50克加工肉将会增加18%的直肠癌风险。据设在华盛顿大学的流行病学研究机构“全球疾病负担”(GBD，Global Burden of Disease)估测，在美国的3.4万名癌症死亡者可能是因为每年吃了大量的加工的肉类，另有5万名死亡者则可能是因为吃了大量的红肉。虽然红肉的致癌效果已经被明确证实，但是，还不能够确定他们的死亡就是红肉所导致的。作为比较，烟草每年在世界上导致的癌症死亡人数是100多万，而酒精则导致每年60万人死亡[290]。

“过度加工”食品（即经过多道工业加工流程且超过四种配料构成的食品，含各种添加剂，如防腐剂、着色剂、变性淀粉、植物奶油）的营养价值比自然食品要低，而且加入了更多的脂类化合物、饱和脂肪酸、盐和糖。对企业来说，它们是特别具有盈利性的产品，但是对消费者而言，它们却极具危险性。营养与健康网（NutriNet-Santé）于2009年至2017年期间对一个人数为10.5万人的法国人群体进行了一项调研，该项调研由塞尔热·赫克伯格教授主持，证明了过度加工食品的消费和癌症发病率之间具有6%～18%的关联度。但是，鉴于熟食吃得最多的人群也是最贫穷的人群，因而也是其他健康风险最大的人群。这些因素也必须给予关注[440]。比如未满3周岁的孩子吃的薯条和加工饼干就含有一定致癌比例的丙烯酰胺。

最后，在食品中发现的三分之二的农药残留含有可能的内分泌干扰因子，激素依赖性肿瘤因子，导致生育能力下降、肥胖、肿瘤，先天性、神经性或免疫性疾病等方面的因子。世界卫生组织确立了这些化学产品的反复性作用与多种严重的疾病之间的关联的“平均值假设”。特别是有可能出现草甘膦对日常使用的农民的健康产生巨大的影响，且该农药在诸如谷类、豆类或面类等日常消费的大量食品中出现，其剂量足以构成潜在的危害。尽管在2017年采取的检测中显示，该产品被吃入的剂量依然符合欧洲标准所规定的最大残留限值。

重金属（铅、汞、镉）和毒素的摄入也会导致疾病。在饮食中，人们都会找到这些东西。特别是铅（在蔬菜或饮水中都有）会给成年人带来心血管疾病，甲基氯化汞和砷会引发神经和大脑的疾病风险。镉会损伤肾功能[136]，[346]。

食草类动物对动物骨粉（焚烧动物骨头获取）的消费会导致对牛致命的疾病，即疯牛病（ESB）的传播。然后，这种疾病会通过人类对牛肉的消费而传给人类。从1986年以来，疯牛病已经在世界上夺走了200多条人命，包括177个英国人和27个法国人[291]。

猪病在某些情况下也可能传到人身上，在2009年6月至2010年8月期间爆发的猪流感，被世界卫生组织形容为“pandémie”（大规模流行病），造成了15.17万至57.54万人死亡。至于这场猪流感的起源地，人们首先怀疑的是位于韦拉克鲁斯州拉格罗里亚镇的一个工业养猪场，这个养猪场也是墨西哥最大的工业养猪场。美国农业部同时提出：病毒是通过一个被感染的游客带入美国国境。无论起源属于哪种情况，工业化养殖都受到了质疑。

家禽被集中在越来越拥挤的空间里和无法配套的卫生条件下，这成了有利于新的病毒毒株孵化的一个因素[293]，[294]。

其实，厌食症也是一种跟食品问题有关的疾病，2017年在世界上共有330万人患有厌食症，患病者大部分属于发达国家的青少年和年轻的成年人（15至25岁）：0.9%的美国年轻人和0.5%的法国年轻人受到此病的折磨[292]，而受此病折磨的非洲人的比例则不到0.01%[109]。按照美国精神病学会（APA,American Psychiatric Association）的标准，该病的特征是拒绝将体重维持在最低标准之上，害怕体重增加或变得肥胖，对体重、外表或体型的认知产生错乱，体重或体型对自我评价的影响过于夸大[110]。2016年，美国匹兹堡大学的一项研究刊发在《营养与饮食学会会刊》上[154]，根据该研究，沉迷于社交网络特别容易引发厌食症，研究表明厌食者没有交流的欲望，无论如何都不愿意跟想让其吃饭的人说话[110]。

最后，吃谷蛋白和乳糖，只会对真正过敏的人中的3.5%构成健康问题，自认为也过敏其实不会真正过敏的人达到35%，这两类食物对这部分人则不会构成健康问题。

蔬果、肉类和鱼类过度生产

食品生产是浪费的重要因素之一。

在2018年，13亿吨食物（损失和浪费）被扔进了垃圾桶（30%的谷物、20%的乳制品、35%的鱼和海鲜、45%的水果和蔬菜、20%的肉类），相当于地球上所生产的总量的三分之一[412]。

此外，在2018年，因为储存设施的不足，导致3.5亿吨食物流失。在商场里因超过保质期而损失的食物价值达到1100亿美元。

在法国，每个公民每年扔掉的食物是20公斤，其中7公斤的产品甚至连包装都没有拆开过，它们相当于每周一顿饭的价值。浪费的产品主要是蔬菜和水果，这些浪费现象三分之一发生在家里，其余则发生在餐馆和集体食堂。

人类每年往海里和湖里扔下的食品垃圾达到200亿吨。“北太平洋垃圾漩涡”是位于夏威夷和日本之间的一片宽阔的垃圾海面（700万吨），至少有三个法国面积那么大，其中46%是由渔网构成。这些主要是与食物相关的塑料垃圾，一部分会被鱼类消费，从而也间接地被人类所消费。在欧洲消费的将近30%的鱼、牡蛎和淡菜很可能都含有塑料成分。

人们还浪费了许多淡水资源（不全是饮用水），特别是在肉类生产上更是如此。生产 1 公斤玉米，需要 500 升水；生产 1 公斤小麦，需要 600 升水；生产 1 公斤鸡肉，需要 4000 升水；生产 1 公斤猪肉，需要 4800 升水；生产 1 公斤牛肉，需要 13500 升水。一顿常规“含肉”的饭菜要消耗 1.2 万升水，而一顿热量摄入相同的素餐只消耗 3500 升水。因此，地球上对淡水的需求量从 1900 年的每年 600 立方千米增加到了 2018 年的每年 3800 立方千米，其中 70% 用于农业领域。

渔业产品也在过多地生产：人们打鱼的频率越来越高，潜入海底也越来越深。1960 年，人们只能潜入海底 100 米渔猎，至 2017 年，则已经到了海底 300 米了。深水渔猎只在欧盟被禁止，而且只限制在海底 800 米以内。

40% 的渔业资源被列为过度开发，其中包括北大西洋鲱鱼、秘鲁鳀鱼、南大西洋沙丁鱼、金枪鱼和鳕鱼。从 2013 年开始，41% 的金枪鱼被开发到了一种“从生态层面来说不可持续”的水平。在地中海和黑海，无须鳕、鳎鱼、绯鲤被过度捕猎，只有 59% 的资源是在“生态可持续”的水平上被开发。2017 年，每年捕捞的鳕鱼是 50 万吨，而可持续的最高量是 20 万吨。90% 的大型鱼类已经消亡，24% ~ 40% 的海洋脊椎动物面临消亡。

今天，已经有 500 多种鱼类和海洋脊椎动物被列入了世界自然保护联盟濒危物种红色名录（UICN）。鲨鱼和鳐鱼有濒临灭绝的危险。虽然猎鲨是被禁止的，但每年都有一亿条鲨鱼被捕猎。鲨鱼（鼬鲨、锤头双髻鲨、公牛鲨、灰色真鲨，等等）的数量在 15 年里减少了 80%。从 20 世纪 70 年代初以来已经减少了 95%。因其鱼颚而被捕猎的拿破仑鱼，以及短吻海豚正在消亡。虽然鲸鱼捕猎已经在世界范围内被禁止，但在 2017 年，鲸鱼的数量比 1800 年减少了约 90%[11]。

饮食导致温室气体过度产生

吃饭是一种会产生温室气体的活动，而且在产生温室气体方面，较之人类其他任何活动均要更加严重。

特别值得一提的是，人类活动所产生的温室气体总量的约 18% 都直接或间接地来自饲养业的动物（一半是羊类）。这些气体排放总量的 40% 来自动物胃部食物的发酵，45% 来自运输过程，10% 来自储放，15% 来自屠宰[182]，[183]。

更有甚者，北半球国家通过补贴出口鸡肉和小麦到非洲，这些产品会在运输途中产生二氧化碳并摧毁非洲谷物和家禽的竞争性生产。反过来，北半球国家的企业主则摧毁了主要是在发展中国家的重要自然环境，在当地生产他们愿意花代价运往自己的消费者那里的反季水果和蔬菜。例如，人们在西班牙反季生产草莓并运往北欧国家，人们破坏亚马孙的森林反季生产牛油果并出口（空运）到欧洲，这种做法比消费地生产的同等价值的食品要多消耗 10 ~ 20 倍的石油。更为糟糕的是，有可能世界另一端的温室里种植的蔬菜，然后经过冷冻并空运至 8000 公里外的市场。

总体来看，一个欧洲人所消耗的食物占其环保标记的 30%。极少有人会关心可以做到的节约成本：吃得少一点，吃当地的产品，吃素食，吃当季的产品，这些做法对减少温室气体的产生都具有巨大的意义。

破坏土地

在2001年至2015年期间，工业化农业（种植业和畜牧业）占森林破坏总量的27%[428]。在巴西，森林破坏主要来自大豆种植业和畜牧业，不过目前破坏率已经有减缓的趋势。在东南亚地区，关于森林保护的立法滞后，森林破坏还在大规模发生，近200种动物正在遭受威胁，其中的标志性物种是老虎和猩猩。

在2018年，世界上只有四分之一的陆地还没有直接或间接地被人类活动触及[492]，87%的湿地已经消失[493]。在2016年，为保护生物多样性而于1948年创建的世界自然保护联盟估计，分布在20多万个不同地区的2000万平方公里的陆地和10%的海洋已经被列入了保护范围。因此，168个国家于1992年签订的《生物多样性公约》确立的目标得以比较顺利地实现，根据该目标，世界范围内17%的陆地面积和10%的海洋面积得到了有效保护[385]。

在世界上，30%的自然空间和森林的破坏是由畜牧业的需求导致的。全球温室气体排放总量的18%也来自这个领域。在美国，55%的土地流失和37%的农药都来自畜牧业，地表水里出现的50%的抗生素和三分之一的磷也都跟畜牧业有关[183]。

畜牧业已经消耗了8%的世界淡水资源，这是对水源污染威胁最严重的一个经济领域，比如通过抗生素、激素和用于动物喂养的农作物的农药等。除了对水资源的污染，畜牧业还会阻碍淡水资源的再生，因为地面上挤满了动物，雨水难以渗透[183]。

哥斯达黎加保留着一项记录：每公顷农业土地使用23公斤农药。但在实际上，他们给农作物施用的农药比法国高出9倍，因为他们需要生产香蕉、菠萝、甜瓜和其他需要大量杀真菌剂和杀虫剂的农作物，其中每年每公顷的香蕉生产需要高达49公斤农药，菠萝则需要30公斤农药[506]。

孟山都公司从20世纪70年代开始生产的注册商标为Roundup的除草剂，在农民那里使用得非常普及。Roundup的除草剂里面含有草甘膦，而且还有大量类似的产品也被使用，只是其中的化学成分根据配方各不相同而已。

化学品的大量投入摧毁了维系地表肥沃的微生物，在各种地层中，微生物最丰富的是约30厘米的区域，该区域集中了约80%的生物（细菌、真菌、昆虫）[387]。随着具有耐药性的转基因产品的种植的增加，草甘膦的使用增加了。就这样，人们将转基因产品扩展到其他作物上面，终止除了转基因产品之外的其他一切植物的生长。

化学品的投入还引发了针对土地多样性的悲剧性后果，同时增加了对越来越稀缺资源（如磷）的依赖性，对某些几乎是垄断的企业（如拥有种子专利权的企业）的依赖性[304]，[305]。

总之，伴随着土地盐碱化和耕种时化学品的投入，耕地的肥沃程度受到了威胁，导致了产量的停滞不前。这是科学界令人担忧的一个现象，被称为“产量瓶颈”。在某些地区，产量甚至有降低的趋势。今天，在世界范围内，三分之一的农业土地受到威胁，它们可能会由于密集性农业的做法而变得贫瘠。

多种因素下，土地侵蚀的节奏已经超过了土地形成（成土作用）的节奏[133]。

缩减生物多样性

就像各种各样的人类物种用了数百万年的时间缩减成了单一的人种，自然界也同样变成了单一的自然界，但是，后者只不过用了几十年的时间。

防病虫害的产品也导致了某些物种的消亡，令另一些所谓的“机会主义者”物种大量繁殖，这些物种攻击构成地下生态系统的某些微生物，将它们杀死并令土地的肥沃程度退化[387]。在这些化肥的作用下，某些藻类激增，降低了氧气的浓度并导致大量动物物种的灭绝。例如在博斯地区，1955 年时每公顷土地中尚有 2 吨蚯蚓，到今天则连 200 公斤都不到了。

91% 的玉米品种、95% 的白菜品种、81% 的西红柿品种，都已经不复存在[4]。在 20 世纪，我们就失去了 90% 的动物品种。而且，根据法国全国农业联盟提供的数据，每年有 30% 的蜂群在消失，而在 1995 年，这一比例仅为 5%。

1 万年前，人类的食物还依靠 5000 多种植物物种，到了今天，仅 4 种植物，即小麦、玉米、土豆和水稻就保证了全世界近 60% 的食物供应。

因为靠越来越少的物种来提供给养，所以人们对众多物种（除小麦、玉米、土豆和水稻之外的物种）的保护也变得少了，而且还任由它们消亡。世界自然基金会[185]在 2018 年的报告指出，农业过度开发和 / 或农业活动，需要对自 16 世纪以来 75% 的动物和植物物种的消亡负责，其中仅是全球野生动物的数量就减少了 60%。

总之，人类所吃之食物的单一化也令自然界变得单一，并且降低了自然界抵御和打击危机的能力。

“大秘密”

2016年，在美国，糖类研究基金会（最近已变为糖类协会的糖类压力集团）提供的文献显示，1967年，协会拨款5万美元给哈佛大学的3名研究员，这3名研究员在声誉极高的期刊《美国医学会会刊》上发表了一项研究成果。该研究是由这个压力集团组织和指导的，其研究成果中声称已经证实，糖对肥胖症和心血管疾病的影响要小于饱和脂肪。这种做法令数年里的争论改变了方向[227]，[337]。

据美国联合通讯社报道：在2011年，一些糖果企业主曾经资助的一项研究说，吃糖的孩子最终要比不吃糖的孩子体重更轻。另一项研究也曾在《食物与营养研究》期刊上发表相关成果，该研究成果宣称，热的燕麦片比任何其他早餐都更可以吃饱肚子[337]。

1974年，英国的一家反贫困非政府组织“War on Want”公布了一项名为“婴儿杀手”[180]（The Baby Killer）的研究，该组织在研究中揭露了西方跨国公司在发展中国家，尤其是在撒哈拉沙漠以南非洲地区所采取的侵略性的奶粉促销运动。一些婴儿奶粉公司采取了大规模的广告宣传，提供不可思议的促销价格。然而，根据联合国儿童基金会（UNICEF，United Nations International Children's Emergency Fund）的说法，在卫生条件欠缺的情况下，一个喝奶粉的儿童在出生后的头几年里，死于腹泻的风险要比母乳喂养高出6～25倍，死于肺炎的风险要高出4倍。

在20世纪90年代末，世界卫生组织估计，跟这些产品相关的低质婴儿食物所导致的儿童死亡总数达到了每年150万，虽然防范这种现象的国际规定已经实施。但在 1998 年，国际婴儿食品行动联盟（IBFAN）公布了10 种违规的行为，其中就包括企业主们继续派送免费样品[342]，[343]，[344]。

今天，在法国，甚至在整个欧盟国家，自 2016 年 12 月以来，一个带包装的产品其标签必须标注“营养声明”，即产品中所含的热量、脂类化合物（包括饱和脂肪酸）、碳水化合物（包括糖）、蛋白质和盐的数量[339]，给出明确的单位（经常是按 100 克来定）。在美国，从 2016 年5 月开始，营养声明作了修订，主要是将热量的含量排在了前面，还有在“糖类”中明确了“添加糖”。同样，还得让人清楚所含的脂肪（包括饱和脂肪）、胆固醇、钠（盐）、蛋白质、钾、铁、钙和维生素 D[338]。

觉醒

在美国，还产生了一种脂肪恐惧情绪，它被称为“负营养”（negative nutrition），主要是在中产阶级人群中出现，这也使得他们从此开始会稍微地多做一些运动。

法国的例子比较特殊，84% 的法国人声称对自己的食物安全比较担忧。其中近80%的人认为，“食品有可能存在损害他们健康的风险”，而在2012年，这一比例尚只有 59%。仅 38% 的法国人对加工食品表示信任，40% 对销售的食品有信心。仅有 28% 的法国人信任日常的食物。

“舆论之路”（Opinion Way）的一项研究显示：在 2016 年，63% 的法国人总是优先消费本地的产品，93% 的法国人部分消费本地的产品。与此同时，在法国，有61%的受访者声称准备消费更多的本地产品来支持当地的经济，42%的人认为优先选择本地产品是出于对原产地的放心，32%的人觉得这些产品的质量更佳，24%的人宣称本地的或地区的产品更加符合他们个人的和文化上的价值观，54%的消费者希望自己的地区能够生产更多的产品，80%的人会购买本地产品来支持当地的生产，48%的人会考虑尊重动物的权利，64%的人会关注营养标签。10个法国人中，只有一个从来不吃绿色食品，其中65%属于绿色食品的常客，而在2003年，这个比例只有37%。

“orthorexie”[208],[209]（史蒂文·贝特曼博士于1997年造出来的一个词，来自希腊语orthos和orexis，对应法文中的“appétit”即食欲之意）意指饮食健康强迫症。患这种病的人会要求吃两小时内采摘下来的水果和蔬菜，或一口饭在嘴里要嚼几个小时来促进消化。这种做法会引起严重的食物摄入不足，并且这类人无法跟他人一起吃饭。

青少年的最佳食物

今天的年轻人（在世界各地都一样），将食物摆到了其他很多的担忧之后。他们也想跟成年人一样，甚至比成年人吃得更快，他们吃饭没有规律，常常不在家里吃饭。即使法国也受到了这种变化的影响。

在法国，61%的年轻人声称在两顿饭中至少有一顿是对着屏幕吃的；54%的年轻人声称在两顿饭中至少有一顿是没有准点吃的；48%的人在两个早上中至少有一个是不吃早饭的；47%的人在两顿早饭中至少有一顿是一个人吃的。三个年轻人中至少有一个宣称他们会一整天都在吃零食（35%

说两天中至少有一天如此）；四个年轻人中至少有一个在两顿饭中会省掉一顿；54% 的 18 至 24 岁的年轻人在线上订餐。

不像诸如气候或一般学校和大学里的课程那样，食物极少会成为年轻人的爆发性话题。不过，在 2007 年，近 10 万墨西哥年轻人却走上街头抗议玉米粉饼的价格暴涨（近 40%），这一时成为全国性的重大事件。2007 年，在摩洛哥，一场饥荒引起的骚乱中，年轻的示威者和警察发生了冲突，导致多名示威者死亡。在海地也同样如此，在因大米和菜豆等食品价格上涨超过 50% 引发的骚乱中，多人死亡，数百人受伤，这场骚乱迫使议会解除了时任总理雅克 - 爱德华 · 阿莱克西斯的职务。在埃及（在通货膨胀和面包短缺引起的骚乱中可能导致 5 人死亡）、索马里等国家，也有类似的情况发生[335]，[345]。

儿童的父母们抗议学校食堂的饭菜质量是极为罕见的，但也确实发生过。在法国，2014 年，马赛的学生家长集体控告市内的食堂，因为在孩子的饭菜里曾数次发现了虫子。于是，这些家长开展了“蜗牛行动”，要求延迟食堂餐费的支付[341]。

在某些年轻人那里，食物也是一个重要的话题。根据由“富裕农场”（Farm Rich，一家熟食企业）主持的一项在美国进行的调查显示，13 至 19 岁的美国青少年，平均一年要花 1000 个小时，即 39 天来考虑与食物相关的事情。“脸书”是他们吃饭选择的主要来源（27%），排在其后的则是“油管频道”（21%）。

根据英国连锁餐厅“滋意”（Zizzi）的一项调查显示，18 至 35 岁的美国人每年会花 5 天时间到“照片墙”上面观看食品图片，30% 的人不会选择去在该网站上形象较逊色的餐厅[454]。在该网站上，有数以十亿计的包括饭菜和饮料的食物照片。他们在考虑食物的时候，会特别考虑饮料。

总之，对今天的大部分年轻人来说，饮食主要是一种解决实际问题的活动，他们极少会将之视为一种养生活动，也极少将之看作是一种重要的活动。饮食被排在穿衣、娱乐和通信之后，四个美国年轻人中就有一个愿意牺牲饮食的质量和数量来换取穿着（31%）和通信（25%）。这种趋势在全世界都是真实存在的，年轻人还极少愿意为了食物更加健康而行动起来。

就未来而言，这还不能表明这一代人已对挑战做好了应对的准备。正如某个谚语所言："我们从来没有走出客栈"，这是19世纪的一句行话，其中"客栈"一词所指的是监牢。

第八章

三十年后，昆虫、机器人和人类

在过去，很多人曾经冒险预测过未来的食物。结果却往往是预测不准。

例如，在 1900 年 12 月，美国博物馆的工程师和管理员约翰·埃尔弗雷思·沃特金斯在《家庭妇女期刊》（*Ladies' Home Journal*）上发表关于 2000 年的 28 个预言。他的大部分预言都应验了：冰箱、电视机、无线通信手段（其实当时已经有了，只是还停留在样机阶段）。但是他也有很多预测出错的地方，比如他说地底下的电力传输会刺激植物的生长，会种出“甜萝卜大小的粗豌豆”“橙子大小的大草莓”和“足够一家人吃的大甜瓜”[252]，[253]。

在 1960 年，人们猜测到 2000 年的时候可以吃药丸和冻干食物，就如准备首次登往太空的宇航员们吃的食物那样。在导演斯坦利·库布里克于 1968 年出品的影片《2001 太空漫游》中，人们可以看到宇航员吃的那种标准的带香味食物。

在 1973 年，在理查德·弗莱彻导演的《超世纪谍杀案》（*Soleil vert*）中，讲述了在 2022 年，地球上的一切资源消耗殆尽，人类不得不只以人类尸体做成的某种绝无仅有的药丸作为日常食物。

还有大量的其他预言出现，要么是人类大同，要么是人类大劫，要么预示人类走向绝对丰裕，要么预言人类会因食物匮乏或因以毒药为食而走向毁灭。

在接下来的内容中，我也将冒险做一些预测，其中会夹杂过去那些不容乐观的倾向，就如那些倾向也来自过去，会夹杂人们对未来可以想象的那些混乱、终止和突变。在本书中，我的判断依据是我之前在数种著作中业已公之于众的研究成果[9]。

事实上，如前已述及，食物的各种历史、人口、城市化、科技、人口迁移、风俗、意识形态、经济、社会和地缘政治的关系，地球的现状、污染、气候危机，凡此种种，都在极大程度上决定了地球将会生产出什么样的食物，决定人类想要吃并能够吃的食物，决定人类吃的方式以及构建并支撑整个社会的交流可能得以组织起来的条件。本书中所预言的结局还是有点悲观的。

首先：需求

在 2050 年，除非出现大灾难，否则人类需要养活约 90 亿人口。亚洲和非洲的人口将比 2019 年分别增加 8.75 亿和 13 亿。

75% 的世界人口，将如同当今 55% 的人口一样生活在城市里，远离土地和自然。世界总人口的一半会成为中产阶级。在这些人中，其中 70% 出现在亚洲，其余的主要在非洲。

除了人类，还得加上数十亿的饲养动物、鱼类和昆虫，它们也需要食物，而后它们可以作为人类的食物。

能够养活 90 亿人类吗?

若想以当今西方国家的消费模式来养活更多的人，就必须从今天到 2050 年期间提高 70% 的全球食品生产量[157]。这似乎是无法做到的事情。

到 2050 年，要想用当今美国的营养模式养活整个人类，根据哥伦比亚大学环境科学领域的迪克森·戴波米亚教授所言，需要砍伐森林并将之变成跟巴西国土面积相当的可耕种土地[23]。要增加产量，必须增加化学产品的使用并更多地求助于转基因产品。土壤会大面积地饱和，因为使用的含氮产品会超过一倍，含磷产品会超过两倍。生物多样性所遭受的侵蚀会以 100 倍的速度增加。最后，从今天至 2050 年，根据世界银行的数据，世界上每年产生的食品垃圾将会达到 35 亿吨。

此外，畜牧业将会加重气候恶化和饮用水短缺。

根据联合国粮农组织的说法，在发展中国家，气候反常对农业带来的影响会更大，从今天至 2050 年期间，生产能力会遭受 9% ~ 20% 的冲击。因此，到 2050 年，即使非洲能够自己确保块茎类（红薯、山药、木薯）的生产，也还是没有能力生产超过 80% 的谷物类食品。在西非地区，生产能力的下降在小麦方面或许要达到 25%，在高粱方面则是 50%。

联合国粮农组织公布于 2015 年的另一份报告[386]预测，倘若从今天至 2050 年期间不采取任何措施来补救土壤贫化的问题，那么将会造成超过 2.53 亿吨谷物的损失，即相当于整个印度的农业土地（1.5 亿公顷）变得不可耕种所带来的损失。

根据这份报告，在需要提高全球农业生产能力的同时，不断产生的气候变化也在缩减生产能力。虽然在诸如俄罗斯和加拿大及北欧等高纬度地区，气候升温会暂时有利于农业生产，但是，它反过来也会给众多国家的食品生产带来 20% 的缩减。而且，全球的食品生产量是负增长的。尤其是从现在至 2080 年期间将会令非洲的农业生产缩减 30%，而在同一时期内，非洲的人口增长将超过一倍。

而且，无论如何，生产人们所需要的化肥的资源将会出现短缺。根据悉尼科技大学女教授达娜・科黛尔的一项研究，磷的可用量将会在近 2040 年时达到极限[134]。

因此，要养活这么多人，几乎是不可能的。

更何况，每个家庭还有不断增加的部分预算需要用于健康、学习、居住、安全、娱乐。因此，现在在发达国家，收入的 15% 左右会用来吃饭，在未来，到处都会出现缩减的现象，特别是在发展中国家更是如此。

若想尝试解决这种表面上看起来不可能解决的问题，只需发明出有助于土壤管理的农业新技术（安装气象传感器来优化灌溉，使用智能无人机来探测可耕种区域……）。如果还以相同的模式继续，就需要使用更多的肥料，开垦今天尚被森林覆盖的巨大空间，因此也会加速土地和海洋资源的消耗，加重生物多样性的流失，直至摧毁整个地球并令子孙后代挨饿。

总之，清楚可见的是：2050 年的人类在总体上可能无法达到当今美国或欧洲中产阶级在饮食方面的生活水平和生活方式。

如果按照当今的模式来继续，极有可能还需继续区分下面这五种饮食方式：极为少见和极为富裕的美食家，他们可以在自己家中或在餐馆里拥有真正的大厨服务；业内人士会只吃健康食品，他们会考虑为地球服务，但是事实上，除了其自身的幸福，他们并不会真正关心其他东西；中产阶级的上层部分会极力去模仿最富有的人或业内人士；数量极其庞大的中产阶级的下层部分会主要吃工业食品，这些食品对地球来说会越来越是灾难和毁灭；最后，最穷困者会继续像1000年前那样吃饭，有时候会吃农业食品加工产品中最劣质的食物，但也会吃到一些越来越稀缺和弥足珍贵的天然产品。

最富有者将吃得越来越好且越来越少

除了我们将在后文谈及的大众食物，人们还开发出了供给富人和特别富有者的新食物。这些食物会在最豪华的餐馆里烹制，或者是由亿万富豪或权势显赫者的私厨烹制。

光顾这些餐厅不再像以前那样属于权力的象征，更多的是一些新富们或真正的美食家们的乐趣。

某些更富有的消费者想要消费最独特的肉类、最新鲜的鱼类、最完美的水果和蔬菜，尤其是年份最珍稀的美酒，他们为此支付的价格会越来越离谱。

大厨们越来越多地被视为一位提供越来越昂贵的菜肴的艺术家。那些顶尖的大厨们想要为其顾客保证他们所用食材之生产条件的优越性和纯正性，他们如当今顶尖大厨的做法一样，不只满足于由自己来亲自采购。如某些人已经在做的那样，他们将拥有自己的菜园、自己的农场、自己圈养的家畜。他们也会使用一些极其珍稀的食材（最棒的水果，最棒的蔬菜，珍稀蔬果或已被遗忘的蔬果），可能来自更加遥远的地方，或可能来自最古老的时期。他们也将会发明一些新的菜品样式，无论是食材还是食材的搭配都有新的创意。

西方的美食将会部分让位于来自亚洲的美食，西方将会更多地采用亚洲最常见的那些食材。特别是人们将会看到，也已经看到，昆虫会进入全球高端美食的食材行列。这种做法有可能会成为让西方中产阶级接受昆虫消费的一种方式。

其他富人或权贵将会选择节制和简朴，将健康和精神或其他乐趣排在享用食物的乐趣之前。对他们来说，餐桌不再属于权力的象征之地，他们会堂而皇之地吃得很少，只吃一些有可能是最健康、最自然、最简单的食品。原产地将比热量更加重要，糖和肉将被剔除出饮食清单，饮食节制被视作精致和智慧之举，超标的体重被视作愚蠢、缺陷和无能的符号。

跟过去一样，这一切都将对中产阶级的行为产生影响，他们将会模仿最富有者的吃饭方式，并将力图在一些专卖店里找到几乎是同等的产品。

越来越亚洲化和杂交化的文化选择

在未来，与在过去一样，烹饪将体现各民族在生活幸福和自身认同方面的重要性，这将跟以往一样跟经济发展是有关联的。一般来说，继续热爱美食的少数国家将会比其他国家更多地保留自己的身份并工作得更少，但他们的经济发展将因此而受阻：资本主义会继续要求其统治阶级保持饮食节制。

就像先是意大利餐饮，然后是法国餐饮，再接着是美国餐饮，在阿拉伯餐饮之后相继成为世界餐饮的主流，我们可以预测中国、印度尼西亚和印度餐饮将会取得的辉煌。毕竟，这些国家的餐饮消费模式，会跟未来世界的要求极为吻合：种类丰富的食物，可以独自享用，可以无须固定的餐桌享用，完全适合的快餐或时刻享用的零食。

无论如何，美国将不再是中产阶级饮食模式的垄断者，而且很快会看到，其实已经看到，会出现来自亚洲、非洲和拉丁美洲的快餐连锁。

宗教食物市场也将大有扩展，就跟在欧洲和在美洲一样，阿育吠陀饮食制度将在印度有极大的发展。根据市场调研机构智者报告（WiseGuyReports）于2018年公布的一项研究，这个在2015年已经达到34亿规模的市场，到2022年会接近100亿[413]，到2050年则会更加可观。

犹太教的食物市场在2025年将会达到600亿的规模（年增长率为11.6%）[168]。

最后，清真食物在2025年或将涉及22亿人，到2050年则是27.5亿人，此外还将有一部分被这种餐饮的营养价值所吸引的非穆斯林人口。因此该市场的规模（2025年7390亿美元，2030年15000亿美元）将会吸引当前农业食品领域的大企业或新的企业加入[167]。

同样，亚洲餐饮和穆斯林餐饮都将有灿烂的前景，在这两种餐饮的交叉之中，人们可以期待伊朗、印度、巴基斯坦和印度尼西亚等国餐饮的一场最为空前的传播。

肉和鱼的消费会减少

从现在到 2050 年，如果按照现在的节奏继续，世界上肉类的平均消费，在西方每人每年将会达到 52 公斤（现在是 41 公斤），在发展中国家将会从 30 公斤增加到 44 公斤。猪肉消费会增加 42%，牛肉增加 69%，家禽肉增加 100%，奶类需求增加 60%[182]。要满足这些消费量，家禽数量要增加一倍，肉牛数量至少需要增加 50%，但这几乎是无法实现的目标。

鱼类也一样，不能只是从海上捕捞。从 2030 年起，将只有三分之二的鱼来自海上，其余均来自鱼类养殖业[11]。人们将大量消费虾、磷虾，还有更多的藻类（前已述及，藻类比已知的任何水果和蔬菜都含更多的钙、蛋白质、铁、维生素、矿物质、纤维和抗氧化剂）。

人们已经看到并将继续会看到，肉尤其是牛肉的替代品会出现，比如豆腐、豆类、植物蛋白，还有牛奶、酸奶、源自植物的奶酪，甚至会看到人造肉和人造鱼的发展。在 2013 年，英国研究者成功地根据肉细胞生产出了一块肉排，其加工方法极为复杂，花了超过 25 万英镑的费用，加工时间用了 3 个多月[455]。这种成本应该很快就会降下来。在 2015 年，新创公司"新浪潮食品"（New Wave Foods）的工程师们研制出了虾的植物替代品，他们利用虾吃的主要食物，即某种藻类制造出了具有跟动物虾相同味道和相同颜色的植物虾。这家企业现在正在研发人造鳌虾和人造螃蟹，这些加工方法已经不再停留在研究阶段，其制造成本正在快速地下降。

在 2018 年 8 月，在人造肉开发领域处于先锋地位的新创公司"孟菲斯肉品"（Memphis Meats）获得了近 200 亿美元的投资，投资商有比尔·盖茨、理查德·布兰森、埃隆·马斯克以及农业食品企业泰森食品（Tyson Foods）[456]。

在2018年11月，美国食品药品监督管理局和美国农业部宣布要制定一项针对人造肉生产的标签和管理的新法律。根据美国国会的一份文件，活体外生产的首批肉类或将从现在至2030年期间进入市场[457]。为此，人们也将利用CRISPR-Cas9基因编辑技术，该技术可以以史无前例的精准度来改变动物、昆虫和植物的基因编码[334]。

素食主义者，不同的吃法

到2050年，至少三分之一的世界人口属于素食主义者，这或是本人的选择，或是出于面对的责任。

他们将会消费新的植物，在近3万种可食用植物物种中，至今仅有30种在大规模种植。他们将会特别利用土豆的新品种，不同的土豆品种有5000个，在法国只有231个[458]得到了利用，绝大部分的品种当今只在安第斯山脉种植，如阿塔瓦尔帕（atahualpa）土豆，就属于一种极为高产的秘鲁土豆[176]。

人们也可以期待当今已经被彻底遗忘的某些植物产品的重现，比如不久前推出的昆诺阿苋，我们在前文已经提过，这种属于藜科的草本植物，在被西班牙人禁食之前，曾经在5000年里充当前哥伦布时期文明的基础食物[53]。在2019年，全球共生产了14.9万吨昆诺阿苋，到2050年其产量或可达到一亿吨。

人们可以预计会重现的植物包括福尼奥米（Fonio），这是在西非地区种植了数千年的一种谷物。然而，在20世纪的后半期，这种植物的种植几近绝迹，因为手工去壳实在是太难了。但是，有了去壳自动化设备之后，其种植从21世纪初期又开始了。在2007年至2016年期间，福尼奥米的产量从37.3万吨增加到了67.3万吨，虽然其产量依然很有限（2015年是62万吨，其中75%在几内亚）[368]。福尼奥米的营养价值接近大米，但是跟大米不同的是它在胱氨酸和蛋氨酸方面的含量很高，种植容易，对水需求非常有限，因而可在一些干旱地区生长，还可以在被集约化农业搞得极不肥沃的土壤里充分生长。但目前，它主要还是用于缺乏谷蛋白的饮食制度里。

业界将会抓住这个市场来改变其发展方向。人们将会看到，大量具有植物含义的工业产品会冒出来。

美国科技食品公司Hampton Creek生产出了一种蛋黄酱的替代品，注册商标“Just Mayo”，即无蛋蛋黄酱，以植物做原料，不含胆固醇和饱和脂肪，也不含变应原，仅使用约8.37焦耳的食物热量。这一切，都只是一个鸡蛋价格的一半。而一只母鸡要消耗163焦耳的热量才能够通过下蛋来生产约4焦耳的食品。

法国代餐食品公司Feed推出了一些粉剂饮料，口味有“园子蔬菜”“胡萝卜和笋瓜”，腌肉柜台的“普罗旺斯西红柿”和“牛肝菌”，甜食柜台的“红色水果”“咖啡”“巧克力”，保证不含转基因产品，不含乳糖，不含谷蛋白，纯素食。该品牌宣称人们可以“拿Feed产品代替任何一顿饭都不会有任何营养不良的风险（早餐、午餐、晚餐）”。该品牌的“普罗旺斯西红柿”包含了6%的西红柿（粉末和碎块），1%的普罗旺斯草本植物，还有燕麦粉，植物油脂（向日葵油）、异麦芽酮糖、豌豆蛋白质、黄亚麻、米粉、香料、烤洋葱粉、矿物质盐、金合欢纤维、盐、大蒜、增稠剂（胍胶和黄原胶）、黑胡椒、麦芽糊精、维生素混合物（A、B_1、B_2、B_3、B_5、B_6、B_8、B_9、B_{12}、C、D、E、K）、卡宴辣椒、抗氧化剂（迷迭香天然提取物）[443]。

关于这些粉状食品，后文将会继续探讨。

昆虫消费增加

全球的食品趋势是按照西方的模式将昆虫排除在外。虽然新兴国家的中产阶级对昆虫的消费越来越少（因为他们的生活水平提高了），但是，在总体上，全世界对昆虫的消费需求将会越来越多。

昆虫的营养价值是巨大的，它们富含蛋白质和其他营养物，而且它们比需要饲养的动物更加容易获取。昆虫对水的消耗比动物要更加少。养昆虫对土地的损害比家禽要小。在同样数量的蛋白质产出下，一只蟋蟀需要的饲料是一头牛所需的六分之一，一头羊所需的四分之一，一头猪或一只鸡所需的二分之一。仍是在同样情况下，一只蚱蜢所需的饲料是一头牛所需的十二分之一。

昆虫也可以用来清除垃圾，因为有些昆虫以垃圾为食物。

一些新的昆虫也将被利用起来，特别是用来喂养新生儿的。在2016年，人们发现了一类新品种的蟑螂，即“太平洋硕蠊”（Diploptera punctata），它会生产出一种比奶牛的奶还要富有营养的蟑螂奶。这种属于胎生动物的小虫（胎儿在母体的肚子里长大）能够产生一种营养丰富的分泌物，在实验室里合成之后，可以为新生儿制造出一种新的食物[509]。

根据布勒昆虫技术有限公司（整合了机械工业巨头布勒公司和昆虫饲养领域的领头公司的一家企业）的董事长安德烈斯·埃普利预测，到2050年，昆虫将占据全球蛋白质生产的15%，而且像今天一样，主要还是在亚洲消费。

在西方，可以认为昆虫市场的发展首先还是用于动物饲料，然后是给运动员提供蛋白质。有些昆虫（黑水虻、家蝇、粉虫、蝗虫、蟋蟀、蚱蜢和蚕蛹）将会成为被饲养动物（特别是家禽、猪和鱼）的重要基础食物。

根据一家欧洲的非政府组织即国际昆虫食品和饲料平台（IPIFF）的数据，在欧洲，来自昆虫的蛋白质生产总量，将会从2018年的2000吨增长到2025年的120多万吨[288]。

面对昆虫市场的广阔前景，昆虫越来越多地受到了农业食品企业的垂涎，大量企业已经跃跃欲试要来控制这种新的食物市场。Poquitos公司推出了用蝗虫制造的墨西哥玉米卷饼，Exo公司则生产以蝗虫为原料的蛋白质棒，法国新创公司IN生产以昆虫为原料的肉排。为了让自己更加容易地被西方市场接受，某些企业推出了各种形式的昆虫食品：薯条、快餐、能量棒、面粉……

在法国，Micronutris公司利用昆虫粉末来制造饼干和巧克力，Khephri公司为发展中国家提供昆虫饲养技术，Ynsect公司制造用来喂养动物的昆虫虫粉。在美国，Exo Protein公司用昆虫来制造“蛋白质棒”。

创建于2016年的法国新创公司InnovaFeed出产用于动物饲料且主要是用于鱼类养殖的黑水虻[371]。2019年，该企业在索姆省的内勒开出了第二家加工厂，到 2022 年，还将会有 4 家工厂建成。就这样，这家法国生物技术公司将会成为欧洲昆虫蛋白质生产领域的领头羊[395]。

人们也可以在家里养昆虫。微型农场公司 (Tiny Farms) 推出了一个“开放式昆虫养殖场”（Openbugfarm）计划，即用一种养殖套件来创建农场并生产用于家庭消费的昆虫。养殖套件不只满足于生产一定数量的昆虫，每个用户可以收集养殖数据并发送给微型农场公司，公司会利用这些数据来帮助用户改善养殖过程。奥地利女孩卡塔丽娜·安格和尤利娅·凯辛格制作了一个数层的小家具用来饲养“粉虫”（面粉虫幼虫，一种鞘翅目昆虫），这些昆虫蛋白质丰富，以家庭垃圾为食，在幼虫时期就被放入小家具的顶层，随着幼虫的长大，它们会一层一层地往下掉，然后在长到 3 厘米长的时候会在最底层被取出。这种“桌式蜂巢”可以每周生产出 500 克粉虫，然后这些粉虫被油炸或被磨成粉食用[459]。

最后，麦当劳也在研究一种可能性，即用藻类和昆虫来代替部分他们提供给供应商作为鸡饲料的大豆[369]。

然而，也有许多反对昆虫消费扩张的声音：

首先，昆虫消费会引发过敏，因为在吃诸如甲壳类等无脊椎动物时是会发生这种情况，因为甲壳类动物都属于节肢动物，这些无脊椎动物的部分外骨骼是由甲壳质构成的[370]，而这种属于碳水化合物类的分子也是一种未知变应原。

其次，昆虫的工业化养殖必须是封闭的，要确保在这种情况下被养殖的数十亿昆虫不会在自然环境里扩散，不会传播各种疾病。

最后，必须避免维系生态系统平衡的那些昆虫因为过度消费而消亡。世界上三分之一农作物的传粉由昆虫来完成[417]。虽然昆虫传粉对小麦和甜菜等作物不会产生任何作用，但是这种行为对水果生产的影响被预估为23%，对蔬菜生产的影响是12%，对咖啡和可可的影响甚至会达到39%[418]。在世界范围内，昆虫传粉的经济价值可以达到1500亿欧元。

昆虫还是鸟类的天然食物，在欧洲，昆虫占鸟类食物的60%，并承担了80%的野生物种的传粉作用[146]。

然而，昆虫已经受到了很大的威胁。在2019年的一篇文章中已经证实的是，被研究的41%的昆虫种类数量已经在减少，31%的昆虫种类面临灭绝的危险[93]。在总体上，全球的昆虫生物量正在以每年减少2.5%的比例下降。2017年公布的一项研究表明，在欧洲，特别是在采取集约化农业的地区，1990年至2017年期间，会飞的昆虫的数量已经减少75%[146]。

农药和化肥的大规模使用，破坏了昆虫的生存环境（未开发的牧场，篱笆圈围地），有利于土壤的作物的轮种周期的采用（周期更短并排除豆科作物），至少这些都跟吃昆虫一样大规模地减少了昆虫的数量[419]。因此，昆虫消费必须采取慎之又慎的管理。

糖类消费减少

如果按照相同的模式继续，人们还将大规模消费工业糖，用来安慰自己的孤独和补偿各种各样的缺失。若按照世界平均水平，工业糖的消费还将增加到每年每人50公斤的数量，即达到正常需要的3倍。这种“毒品”

带来的危险极其明显，并且会给社会增加巨大的成本。

对工业糖消费加以禁止逐渐形成共识，这种意识首先产生于某些西方国家，接着产生于其他地区。不过，尚需要时间来对此予以普及。或许可以像反对烟草一样，通过增加税收和极为坚决的运动来做到这一点。

在体重超标和肥胖症最为普遍、已有此问题的墨西哥已经采取措施，特别是抵制苏打水的消费。在 2014 年，墨西哥对苏打水征收了 10% 的税收，该国苏打水的消费是平均每年每人 163 升[420]。挪威在 2018 年提高了含糖饮料的税收，从此，每升的税收达到了 0.48 欧元。在爱沙尼亚，2018 年 1 月 1 日，对含糖或甜味剂的饮料征收 10 到 30 欧分的税收[421]。某些非洲国家也正在准备提高该领域的税收。

为避免某一天像烟草企业那样被控告为犯罪行为，有些较为审慎的农业食品企业开始放弃一些含糖量过高的产品，他们或通过自身的研究，或收购专业领域的企业，开始生产一些健康和可持续的新产品。

2015 年，百事可乐的首席执行官因德拉 · 努伊在宣布“可乐是一种过去的东西[256]”时令投资者们瞠目结舌。她的话对百事可乐的股票产生了悲剧性的后果，但从此，这家跨国公司的研发部门像其他企业的研发部门一样，开始了大量的新产品研发并收购了一些颇有前景的新创公司。1998 年他们控制了纯果乐 (Tropicana) 公司，继而是控制了多家其他的天然产品企业，并于 2018 年耗资 32 亿美元收购了以色列的 Sodastream 公司，这是一家家庭气泡水市场的龙头企业。就这样百事可乐提前满足了消费者的愿望，即不用再买瓶装水或苏打水，而是自己在家中直接生产无糖无添加剂的产品[256]。

除了百事可乐，可口可乐公司推出了高端瓶装水品牌Smart Water，这是一种通过蒸馏去除杂质的过滤水（里面加入氯化钙、镁和碳酸氢钾），这种水的价格要比竞争对手卖得贵4倍[256]。

其他一些农业食品企业假装采取同样的做法，不停地宣称他们很快就要在所有市场上投放健康的产品，但事实上他们只是关心如何通过新工业产品的推出来拯救自己的利润，这些产品仅仅在它们的广告宣传中才是绿色产品。

吃饭为了治病

人们将会看到，具有治疗功效的食品（维生素更加丰富的水果，由各种营养物合在一起的超级食品，以微藻来增强营养的鸡蛋……）将会为顶级富豪们发明出来。

这些具有治疗功效的食品先是从所谓的“超级水果”市场的开发中开始生产的。“超级水果”是一些抗氧化剂非常丰富的水果，这些水果在诸如癌症和心血管疾病的预防中极其重要，这些水果包括枸杞浆果、美洲山核桃、欧洲越橘、阿萨伊浆果、沙棘浆果、西印度樱桃、黑樱桃、蔓越莓、蓝莓。沙棘浆果的维生素C（强大的抗氧化剂）含量比橙子要高9倍，也富含维生素E，这是具有消炎特性的另一种抗氧化剂。蔓越莓也含有大量的黄酮类化合物，这些黄酮类化合物也属于一类强大的抗氧化剂[422]。

据未来市场洞察（Future Market Insights）的数据，全球超级水果市场在2015年已经拥有380亿美元的规模，到2030年之前将会以每年6%的速度增长[423]。

根据美国大观研究公司（ Grand View Research）的一项调查，健康食品的全球市场规模在 2015 年是 1300 亿美元，极有可能会在 2024 年达到约 2250 亿美元的规模。乳制品约占该市场 33%，面包产品和谷物类占 25%，油类和脂类产品占 15%，鱼类和肉类占 15%。这些产品中的营养物是类胡萝卜素、食物纤维、脂肪酸、矿物质、益生菌和维生素[181]。

从长远来说，因为从纳米元素中分解出来的纳米胶囊也渐渐被用在了食品方面，人们将来可以在纳米胶囊中植入药物，也可以改变水果、蔬菜、面包、肉类、鱼类的颜色、味道和营养元素，还可以降低它们的脂肪、盐、卡路里的含量，延长它们的储存时间和推迟它们的成熟时间。

人们也将会很快吃到新的食品。这些食品借鉴了被视为对部分动物有治疗效果的某些食物。例如，黑猩猩的饮食制度（有 300 多种食物，其中部分对黑猩猩有治疗作用）会成为人类新药物和康复食品的灵感来源[373]。特别是黑猩猩吃的斑鸠菊属（Vernoni）植物的秆和鹧鸪花属（Trichili）植物的花都有抗疟疾的疗效，止血草（Aspilia）的叶子具有除肠道寄生虫的功效。最后，黑猩猩会用合欢树（Albizia）的树皮来治疗自己的肠道疾病[374]。

研究者们也观察了昆虫的实际行为，果蝇在被寄生虫感染的时候，会开始吃富含酒精的腐烂的水果来杀死寄生虫[375]。

这已经是一种最初的通过模仿大自然来吃饭的方式。当然，还会有更多类似的方式。

模仿大自然

植物和动物的某些做法可以为不同的食物生产提供借鉴。

比如，鱼池里的淡水含有一些细菌。这些细菌会将鱼的排泄物中的氨转化成硝酸盐。将无土壤种植的植物的根浸泡在这种水里，既可以用水中的硝酸盐来滋养植物，还可以净化水质，而净化之后的水接着又可以用来养鱼。美国女研究员米歇尔·利奇发明了一种鱼菜共生系统（Oasis Aquaponic），可以用这种方法每年同时生产出 200 公斤的罗非鱼和 300 公斤的西红柿。还可以使用太阳能板来养鱼呢[424]。

斯洛伐克兹沃伦技术大学的团队受到某种蜥蜴的启发，发明了 BIOCultivator 系统[376]。这些蜥蜴生活在干旱地区，但是能够利用皮肤从潮湿处收集水分，然后再输送到体内。这是一种自动的生态系统，根据蜥蜴皮的处理模式，可以从堆肥中汲取水分，进行浓缩，再直接输送到植物的根部，而且是以最优化的方式输送，并且无须浇水[377]。

美国俄勒冈大学的团队在参考了蚯蚓和人类小肠的消化系统后开发出了一种排水系统，该系统可以更好地保存土壤中的养分并阻止养分流失，从而可以减少化肥的用量[496]。

最后，有一家企业叫倾斜（Slant），于 2012 年在智利创建，后来搬到了加利福尼亚州的旧金山湾区，该企业开发了一款软件，模仿蚂蚁之间的沟通方式，辨别最佳路线和途中风险（因为有个体之间的互动，并可以利用各种信息渠道，比如发布想要得到的食品的信息），这个平台可以帮助消费者就企业所推荐食品的质量进行相互之间的交流[444]。蚂蚁的这种行为也已经被用来开发了 Waze 导航软件，这款应用软件可以帮助驾驶员了解交通状况和最佳路线。

以人造物为食物的人造物

在 21 世纪，人和动物之间的障碍也会缩小。就如同在不同的人种之间，已经缩小了障碍，后来是消除了障碍，至少在理论上如此。许多屠宰场和令动物一生受尽折磨的成套化养殖场都将渐渐地被关闭。这将是抵制动物痛苦、减少肉类消费、推动素食主义的发展的一个主要因素。

然后，在意识到动物有人性之后，人们同样将会意识到植物也有人性。人们会意识到植物跟动物一样会有跟人类意识活动非常相近的行为，会产生大量的利他行为。这将会给人类饮食带来重要的影响，人们甚至会开始思考是否该放弃对植物界的消费了[152]。

虽然植物不具备拥有智力或意识的中央器官，但是植物细胞是以网状运作的，并通过电流信号和化学信号来传递信息，这就相当于是在发挥某种形式的智力。

植物之间的交流事实上是因为它们的分子信号，如通过叶子的气体排放或通过根部的养分传输，通过这种方式，幼树会从老树那里得到滋养。有些树种的树叶，如昂蒂布的意大利伞松和法国南方的绿橡树，会排放出气体，让其同类跟它保持距离，在树枝之间留出至少 1 米多的空隙。黑麦的根须多达 1400 条，总长度可达近 600 公里，根须所达区域总面积超过 200 平方公里，这个根部网络会向植物传输方便其采取聪明决定的各种信息。

植物在传粉过程中也会跟昆虫和动物进行交流。有些植物会释放出一些化学物质，发挥传粉作用的昆虫、鸟类和小型哺乳动物对这些化学物质非常喜欢，作为回报，它们会承担起花粉的传输任务。在2017年，丹麦的奥胡斯大学的一项研究表明，这些树似乎有一种“脉搏”，只是跳动得比人类的慢很多，甚至还有某种意识、某种情感同化、某种利他行为。

植物的利他主义首先是在近亲种类之间展开的。如果人们限制植物的地下空间，比如将植物放置于某个坛子里，非近亲种类的植物会极力将自己的根须发育到最大值而不顾其他植物的利益，而近亲种类的植物会发育出合理数量的根须并优先考虑地面的生长，以此来避免对其同类的损害。因此，近亲类的黄色凤仙花会以根部相触的方式被种在一起。这些凤仙花在生长的时候会延伸花秆，以此来方便其他同类的生长。相反，如果是非近亲类的黄色凤仙花（不论它们的根部是否相触）或根部不相触的近亲类黄色凤仙花，植物的生长会以叶部变大为主，最后导致其他某些植物死亡[378]，[425]。

两种非同类的植物物种也可以有一种互惠的合作，人们将之称为“共生”（symbiose）。比如经常可以见到的是，蘑菇会跟某种植物的根连接在一起，从植物的根部吸取糖分，同时也为植物的根部提供矿物质，其中诸如磷等某些矿物质，对这些植物来说是很难获取的[426]。

虽然对植物这种利他行为的认识有了发展，但是对植物的消费可能会在遥远的某一天被质疑吗？于是我们有可能会以生物为食物吗？或者我们将只是吃一些合成的食品吗？人们将会看到动物本身也会因某些功能而被机器人替代吗？

人们已经看到出现了充当昆虫替代品的某些人造物。2018年3月，沃尔玛公司注册了一项专利，开发用于替代蜂群的蜜蜂机器人，用它们来完成极为重要的传粉任务。如同前文所述，传粉涉及人类食物总量的三分之一，这些微型机器人完全是自动的，配有传感器，可以确定作物的位置，捕捉到植物的花粉，再将花粉运送并分配给周边的植物，采用跟蜜蜂传粉相同的原理。

那么，我们又将会变成谁呢？我们会成为食用先是机械生产，继而是以生物方式生产的人造物的人造物吗？我们会变成以克隆物为食的克隆人吗？

第九章

在沉默中独自吃饭

我们已经看到，自纪元以来，饭食的构成总是由食物的性质和吃饭者的社会条件来决定。谁吃，吃什么，怎么吃，跟谁吃，吃饭时聊什么，权力如何分配……这一切都有着内在的关联。

人类先是生吃所能找到的食物，不分时间，只要能吃就行，那时，语言还远没有形成。后来，人类吃饭的时间根据昼夜交替越来越固定下来。在每一个时代，特别是在开始定居之后，用餐提供了主要的交流机会，形成语言和文化、社会阶层和权力的机会，以及形成家庭、企业、城邦、民族、帝国的机会。

一段时期以来，定居生活重新远离人类：人们开始向那些在午餐时间不再回家的人推出打包饭菜，继而是一些快餐。人与人之间交流的时间被缩减，甚至回到了最古老的游荡的习惯：独自吃饭，站着吃饭，随处吃饭，随时吃饭，吃一些容易携带的食物。

在聚餐渐行渐远之际，交谈也就消失了。沉默由此安顿了下来，并产生了巨大的影响。

这些趋势现在是、将来也是全球性的，尽管不同地域在地理和文化上的差异依然巨大。面对这一切，某种法国的特殊性，仍还会在一定时间内作为特例存在。

厨房终结

在罗马人的建筑里并没有厨房，厨房主要是在中世纪出现的，但跟罗马人的建筑一样，我们的厨房正在走向消亡。前已述及，这种变化始于20世纪中期，其标志是人们所谓的“美式厨房”的出现，它朝向客厅敞开，一个吧台同时作为隔断和餐桌。

这种变化将会在未来的数十年里加速发展，在变得越来越城市化的社会里，居住空间变得越来越昂贵，牺牲住所中的一个房间用于做饭的人越来越少。拿出一个房间跟别人合住的人也越来越少。首先是将餐厅去掉，人们越来越多地在起居室吃饭，不再围着餐桌边吃边聊天，而是对着屏幕吃饭。刚开始是一起对着屏幕，后来变成了各自对着各自的屏幕。人们更加关注的是屏幕上的东西，而不是饭盘里的食物。

在一定时间里，人们还将拥有一个空间来储存饭菜或产品，一个以用来对付完买来的饭菜为目的的地方，事实上，这些饭菜已经都做好了，而且很快就无须再动手加工了。人们将主要吃彻底的、现成的饭菜，从外边带回来，新鲜的或保存好的，冷冻的或速冻的，都可能会有。用快餐盒装好的、打包的饭菜，可以马上就吃，而且还无须担心弄脏双手。

人们将回归古罗马时期的状态，即只有富豪们才在他们那宽敞的别墅里拥有一个厨房以及料理厨房的人，而其他人则是从市场的商贩那里购买食物。

事实上，每个人都将越来越多地按自己的时间来吃饭，从冰箱里或某个自动售卖机里取食。食物的包装将越来越适应这种用途：个人化、携带方便、拆开即食。

还有一些家中、食堂、火车、飞机和工厂里的饭菜，将会由机器人来帮忙准备。2014 年，一家美国快餐连锁企业发明了机器快手 Flippy，它可以在一个烤盘上烤肉排，然后再把烤好的肉排放到面包上。2015 年，莫利机器人公司（Moley Robotics）推介了一款厨师机器人，能够做 100 多道星级大厨们的菜品[200]。不过，若要让机器人按大厨们的手法到处能够复制他们的菜品，尚需很长的时间。

在某一天，食物打印机可以帮人们设计并提前远程启动一顿饭菜的制作。已经存在比萨和口香糖的打印机了，只是成本仍然太高，还无法开始盈利。比如，西班牙新创公司自然机器（Natural Machines）发明的一款 3D 食物打印机在理论上能够制造出蛋糕、比萨、面条。雷恩当代厨艺中心发明了一款能够制作煎饼的 3D 打印机[427]，该打印机跟一台电脑连接，人们在电脑上安装了一款称为“煎饼画家”（pancake painter）的软件，这个软件可以决定煎饼的形状。然后，打印机负责调整面板上的面团位置，从而获得想要的形状。

也许这一切不会发展得那么快，没有什么可以比厨师的工作更难以自动化和更加复杂的了，因为厨师的工作需要动用各种感觉：触觉、味觉、嗅觉、听觉、视觉；还需要各种才能：灵巧、精确、力气；还需要很多的知识！机器人还需要会做采购，会选择最佳的食材，最佳产地的食材，还得小心翼翼地移动那些极为脆弱的材料，需要懂得判断火候。

区块链或许已经能够标出一个机器人输送到另一个机器人那里的产品的源头。那么，其余的也并非不可触及。

流动者的包装：粉末套餐

人们将会看到完全现成的饭菜会越来越多，以各种形式，在任何时间和任何地点都可以吃，消费者属于既无时间也无胃口且无能力自己做饭的那些人，这些饭菜可以让他们边吃边做其他事情。盒饭已经是它们的代名词，其他的包装也正在陆续出现并将会层出不穷。其作用是一个人吃，没有餐桌，站着吃，无须担心弄脏双手。

特别是一些粉末食品或液态食品将会为了满足这些目标而得到普及，其中有些是作为固定饭菜的临时补充而推出，如同那些已经存在于饮食周期的食品，或是纯粹出于治疗需求的食品。还有人想建议大家可以每天食用这类食品，将它们固定下来，作为一切日常固定食物的永久和完整的替代品。

所有这些产品都将打着“智能食品”（smart food）的旗号推出。诸如Soylent（索伦特）、Feed（食料）、Vitaline（维他命）、Bertrand（伯特兰）、Huel（油）等企业已经在推销各种粉末全套营养餐，他们试图用所谓的营养魅力来弥补这些食品先天就令人讨厌的形状：不含谷蛋白、纯素食、绿色；或者反过来，超高蛋白含量。Soylent是美国企业，Feed和Vitaline是法国的，Bertrand是德国的，Huel是英国的。Feed推荐的食品粉末，只需在混合器里摇晃45秒就可以得到一顿完整的餐食，而且还是前已述及的带有素食特点的餐食。Soylent是罗布·莱茵哈特于2013年创立的企业，它开发出来的菜单具有“开放式配料”的特点，因此可以适合于每个人。其发明者声称，自己的健康在很多方面都得到了改善，因为其饮食是专门由自己的产品构成的[497]。

然而，人们不能够单一地并持续地以这种包装的食品为食物：咀嚼对消化和牙齿的健康很重要。此外，咀嚼会促使将饱足感信息传递至大脑的必不可少的各种神经递质的综合感应。最后，消化酶的作用从口腔中就开始了，这也需要咀嚼。有些试验已经证明了这一点。今天，Soylent 的老板已经重新开始“也吃食物”了，虽然他的食物中的 92% 还是以其企业的粉末食品构成[497]。在 2013 年，美国记者布莱恩·麦切特也试图只吃 Soylent 包装的粉末食品。吃了 15 天之后，虽然他的身体没有出现什么问题，但是，他宣告自己感觉抑郁了，并放弃了这种粉末食品。也许更多的是因为孤独，而不仅是因为食物的问题。在 2018 年 4 月，一个叫雅辛·夏布利的企业家决定每顿饭都吃粉末食品，一个人吃且只花 3 分钟，目标是每个月只拿 2 个半小时花在吃饭上，每个月以此节约大致 30 个小时的时间。但第二天他就放弃了这个试验，原因是觉得无聊。

奔向饮食孤独

人们究竟是围着桌子坐在椅子上吃饭，还是坐在铺在地上的席子上吃饭，已经关系不大。我们已经看到，吃饭具有滋养精神的作用，至少跟喂养身体的作用同样重要。假如当今的趋势继续发展下去，用餐就失去了这种分享的作用，失去了社交、交流、达成共识的作用。至少 5000 年以来，在人类历史中恒久不变的用餐的社交性，将会消亡。用餐将从此变成一种个人化的事情。

首先，早餐将会消失，每个人都会根据自己的时间到冰箱里取食。接着，午餐会广泛地消失，甚至在工作日也会如此：企业的食堂将会取消，大家可能直接在工位上就对付着吃了。

最后，家家户户每天晚上的聚餐也将消失，随着家庭的解体将出现下述情况：独自生活，独自吃饭，至少在晚上是如此。

即使人们还在一起吃饭，每个人也是各吃各的，以各自的节奏。分享同一个菜的现象将会越来越罕见，每个人都将开发出自己的饮食方案，每个人都将是自己的营养师。

人们将无时无刻都可以吃饭，吃得越来越快，不论在哪个地方皆可如此，包括在工作时、看剧时、旅游时，甚至在走路时……

零食将会吃得越来越多。用餐地点将变成一个并非用来吃饭的空间，其中包括公共场所、体育馆、走廊、火车或汽车经过时，吃上一口，喝上一杯，然后就离开的地点。

人们将花很多时间在公共交通上。在这种情况下，食品商业化的一些新手段将会被开发出来，比如在火车站、火车上、地铁上的自动售卖机。以后，人们还将在自动驾驶的汽车里吃饭，汽车将会拥有储存食品的各种配置。

饮食将会变成从属于休闲的次要活动。

资本主义将用餐变成了一种简单的功能性行为，在这种行为中，找不到乐趣这个概念，即使有也只是脂肪和糖的工业替代品的形式而已，所以，资本主义所推行的这种盎格鲁－撒克逊式的用餐设计的胜利将会是悲剧性的。那些相互对话、接触自然、自我表现、一起讨论、寻求共识的最佳场所将会不复存在。这将会带来绝对是非同小可的社会和精神的不平衡。

特别要指出的是，家庭聚餐的消失会极为损害孩子的教育。直至今天，孩子的教育常常是在餐桌上进行的，孩子会边吃饭边听大人们的表达，跟大人们讨论，形成自己的想法，学会融入家庭和社会，甚至学会质疑。

人们只有参加特殊的聚餐，才会继续保留的集体用餐的习惯。这类聚餐有圣诞聚餐、感恩节聚餐，更为常见的是宗教节日的聚餐，以及举行诸如婚礼、出生、离世等家庭仪式时的聚餐。

社会越来越多地变成一个个孤独的流浪者的并置状态，他们都是必然处于冲突状态的自恋者（或者是躲避冲突的自闭症患者），他们满足于自己的形象，社交网络会向他们呈现自己的形象。他们在上面分享自己的口味（其中包括他们喜爱的饭菜图片）、分享自己的缺失和欲望，甚至往往是一边吃饭一边分享。

他们尤其喜欢通过吃甜食来填补自己的孤寂。因为如同孤独让我们更容易去消费酒精或毒品一样，孤独也会推动我们消费更多的脂肪和糖分含量高的食品。我们现在知道，被排斥的感觉会激活大脑的痛苦区，然后产生某种需要放松的欲望，于是，就有了吃糖的欲望。糖分摄入之后，大脑会释放出多巴胺，即一种能够影响情绪并让人感觉更加愉快的神经递质。因此，某些研究已经证明，大脑对极甜食物摄入的反应类似于摄入诸如可卡因等某些毒品之后产生的反应[94]。

法国和其他几个屈指可数的国家在一定时期里，在这个方面仍将属于例外。这几个国家将会保留聚餐的形成，尤其是晚餐。虽然根据 2008 年来自法国国家统计及经济研究所（INSEE）的一项预测说，至 2030 年，10 个法国家庭中将会有 4 个，由独自吃晚饭的一名家庭成员构成[510]。

有些人将会坚持采用聚餐的形式，他们采取的方式是创造聚餐的机会，例如创造在朋友之间、邻里之间和社交网络聚集的陌生人之间的聚餐。有些节日活动，纯属为了不让自己孤单。就跟人们在活动中消费的食物一样，这些活动既有人为的，也有自然的。

被监控的沉默社会

针对自己所带来的焦虑，市场的回应将会是要求每个人的注意力不要再集中在交流上，甚至也不要再集中在安慰性产品的消费上，而是集中在个人自身的健康上，以及健康受到饮食威胁的方式上。

他们还将会给每个人提供监测的方法，监测所吃的食物对体重、对身高体重指数（IMC）以及对各种健康指标的影响。

然后，他们将会根据身体的状况，给每个人规定应该做什么，或者能够做什么。每个人都认为可以自由地选择，其实只能跟随对自己来说只是表面上的一些标准。到2030年，人们也许会考虑按每个人的基因特性来确立个体和社会所需要的食物。

长久以来，我一直都将这个社会称为超级监控社会。这种超级监控目前正在进入各个领域，首先进入的就是食物领域。每个人在其中都被各种角色所监控，无论是公共的角色还是私人的角色，他们都想了解一切内容：每个人在读什么、听什么、看什么、想什么、说什么、吃什么、喝什么……其目的是想把更多和更好的东西卖给他，更好地评估健康风险，更好地掌控社会秩序。

在这个世界中，最高的价值不再是能量和味道，而是信息和评估信息的那些数据——对饮食行为的数据掌握将变得至关重要。

虽然饮食似乎跟虚拟格格不入，但无孔不入的数字化也将进入饮食。

超级监控以后将会让位于自我监控，每个人自己监控自己，以便符合具有预见性的统计分析所确立的标准。随着饮食制度的束缚，自我监控已经显而易见，这种束缚属于享受主动顺从的最初形式。人工智能将会为这种武器推波助澜，为我们提供更好地检验我们所吃的食物是否与相关标准相符的方法。甚至更多的是将推荐给我们的那些东西强加于我们。

移动用品和家庭设备也将成为监控的工具：连接并固定在人体上的手表将会持续检测血糖和血压，这些手表会建议在某个时刻避免食用某种食品。连线的冰箱会建议人们食用符合医生或保险公司规定的食谱的食品。这些冰箱会通知人们里面该有哪些食品被取出或被放入。若申请者没有按照冰箱或手表所规定的食物来吃，跟诸如GAFA（谷歌、苹果、脸书、亚马逊）等数据管理者联合的保险公司将会拒绝赔偿。

烦恼还将继续，甚至更糟

这一切都将无法阻止：无论是对人类个体来说，还是对人类整体来说，人类饮食模式改变所带来的孤独与健康问题都会越来越严重。

其实，越来越多的人将会死于吃得差和孤独，因为聚餐的消亡将会令他们陷于孤独之中。与此同时，整个人类也将会因为吃得过多而消亡。

因此，如果从现在起至2050年，若我们的饮食模式没有根本的改变（且人们在吃我们在前一章中预测过要吃的那些食物），肥胖症患者将会继续增加，饮食引起的疾病也将会增多。

根据欧洲肥胖症大会（European Congress on Obesity）的一项研究，倘若我们的饮食像现在这样继续，到 2045 年将会有近 25% 的人变成肥胖者（2017 年是 14%）；8 个人中有一个将会患 2 型糖尿病（在 2017 年则是 10 个中不到一个）。特别是在美国，按照当前的发展，将会有 55% 的人是肥胖者、18% 的人是 2 型糖尿病患者[511]。目前还没有被这种传染病触及的非洲，也将严重受累。

假如农业模式和畜牧业继续这样发展，如同我们已经看到的，全球的饮食模式将会令地球变得不再适合人类生存。

但是，在这个星球变成地狱之前，饮食所带来的重大的灾难也是可能发生的。根据保险人劳合社[178]的说法，这场灾难极可能到来，如果厄尔尼诺现象变得更加明显（太平洋中的暖流气候现象），南美洲的气温将会升高，小麦锈病（导致谷类质量和产量都降低的传染病）将会爆发。如果这三种现象同时发生，那么小麦和/或大米的价格将会大幅度上涨，迅速蔓延的饥馑将会发生，金融市场会崩溃，食物供应的中间商将会束手无策。没有哪一个国家能够抵挡这种灾难。

第十章

食当为何物？

如果人们想要人类持续生存下去，想要每个人都能够拥有充实、自然、健康和真正属于人类的生活，那么，我们就必须打破食物在当今的生产和销售方式，必须花更多的时间来思考食物、准备食物、提供食物、消费食物，发展围绕食物形成的社会关系，并且花更多的时间去理解关乎食物的权力是如何构建和解体的。

我们应当走出那个沉默社会，在那个社会里，每个人都被迫一声不吭地在吃只会对某个越来越贪得无厌、厚颜无耻的工业企业有利的食物，吃那种指望我们陷入孤独来迫使我们消费得更多的食物。

为了所有的人和这个星球，我们每个人必须将食物变成一种源泉：健康、平衡、快乐、分享、创造、愉悦、超越自我、发现他人。这是保护生命和自然的一种方式，是寻求身心最佳状态的一种手段，是重新接触自然并永久保持接触的唯一机会，是一个交流和行动的主题，而且吃饭是关于一切主题的无数次聊天的一个借口，可以找回在当今已经消逝的吃饭的基本社会功能：建立联系。为了每个人，无论是今天的人，还是子孙后代们。

这些目标还可以同时存在。我们还可以避免在前面几章中所述及的灾难。还可以避免吃着这些食物自杀，避免将这个星球跟我们一起毁灭。

这将会变得更加容易，因为每个人的最佳饮食行为也将属于拯救这个星球的最有效方法。换言之，每个人都会关心其他人能够尽可能健康地吃到的食物。

让我们为此努力吧！由此必须采取一些重要的改革，在全球范围内，在国家范围内，人人努力，从我们的日常生活做起。不能因需要采取的行动的艰巨而被吓到。就如在气候或海洋保护等其他相关领域一样，我们别无选择，必须同时开展所有行动，而且是越快越好。

高素质的小型生产者将会为所有人创建理想的农业

健康地养活90亿人还是有可能的，无数的研究已经证明了这一点。比如，根据法国国家农业科学研究院（INRA）和法国农业发展研究国际合作中心（CIRAD）于2018年10月发布的一项研究，人们或许可以提供给每人每天约12500千焦，其中约2100千焦来自动物（在发达国家目前是约16700千焦，其中约4200千焦来自动物）。另一项名为“有机食品让世界更可持续发展的策略”的研究于2017年显示，如果减少一半肉类、乳制品和鸡蛋的消费量（这可以减少一半用于畜牧业的面积和用于动物饲料的面积）并减少一半在食物上的浪费，那么到2050年，甚至可能仅靠既不种植转基因产品也不施化肥的全球农业总产值就可养活整个人类。因为肉类消费的降低和食物浪费的减少可以平衡对应集约化农业的有机农业的最低产量（减少8%至25%）[186]。同时，根据这种模式，温室气体排放和土地侵蚀都将减少。

若要这种规模庞大的过渡取得成果，必须从深度改变世界农业开始。尤其是需要做到以下几点：

· 改善农民的财产和教育准入。为此，要落实真正合法的财产权，替代农民在“法外”机构（黑人区、贫民窟、棚户区）所积聚的非正规资本，这种资本预计有93000亿美元的“死”资本（不能“流动”）[21]。

· 提高 50% 的农业投资。为此，必须保证小型生产者能够拥有贷款和土地产权，同时以法律来反对农业食品企业大规模侵占土地。

· 在全世界范围内，为乡村最弱势的人群落实完整的社会服务体系，特别是在健康、卫生、教育和学习方面。这将会促进他们在农业领域的投资，在埃塞俄比亚，收到社会援助和生产资料（信贷、投入、农业服务）的农村家庭，与那些只享受到生产资料发展项目但是没有享受到社会援助项目的人群相比，在食物安全方面的进步要大[184]。

· 改变农民、农业食品企业和销售商之间的关系，让农民拥有一份更加合理的土地收入。在法国，在 2018 年 10 月 2 日通过的《农业与食品法》的条款中，规定农业生产者可以根据自己的生产成本来签订协议和相关价格。

· 特别是在美国和欧洲，重新调整农业补贴，更多地倾向于种植水果和蔬菜的农民，减少对生产谷物类和转基因产品的大型企业的补贴。

· 合理利用灌溉，不过量使用化肥，优化选择种子，这些将有助于提高 50% 的非洲农业产量，并将减少谷物的净进口量，同时还可以对环境改善产生不可忽略的影响。

· 保护非农业耕地和海洋生态系统，这也符合联合国为 2030 年确定的可持续发展目标中的两个目标：第 14 号目标（“可持续地维护和开发大洋、海面和海洋资源”[190]）和第 15 号目标（“可持续地管理森林，防治荒漠化，阻止和逆转土地退化，结束生物多样性的贫化”[190]）。

· 反对种子的销售垄断。国际植物新品种保护联盟会要求某个品种的生产商同意任何人有偿使用这种品种，加强该联盟的影响，以便其能够合法地在世界范围内反对国际巨头们对种子的独占。

· 确保食物不是来自恶劣的人工条件和受折磨的动物。为此，没有能够证明遵守国际贸易局（OIT）规定的劳动条件之标签的食物产品，必须禁止商业销售。

·缩减化肥的投入，恢复贫化土壤的条件，在作物轮耕中插入豆科作物，重建圈围保护区。

·逐渐禁止草甘膦及类似产品的使用，因为其危害性已经得到证明：在2015年，世界卫生组织宣布，三种农药（草甘膦、二嗪农、马拉硫磷）被列入“可能致癌”类级别，属于仅次于“确定致癌”类的级别[468]。在2016年，法国食品、环境和职业健康与安全管理局（Anses）取消了跟草甘膦及其助剂牛脂胺（POE-tallowamine）相关的化学产品的许可证[390]。相反的是，在2018年11月，欧盟将草甘膦的许可证重新延至2022年，依据是欧洲化学品管理局的一份报告排除了草甘膦的致癌风险。在法国，从2021年起，草甘膦只能保留当前使用量的15%。无疑必须在世界各地都禁止使用草甘膦，而且是越快越好。

·增加化肥类有机产品的使用。这些有机化肥（芥菜、小蚕豆、饲料豌豆）或从饲养业中获取的产品（家禽粪便，猪或牛的厩肥，其他厩肥，肉、毛或骨的粉末）都有利于土壤中的微生物活动。有机物若想被当作有效的肥料，必须至少含有三种重要营养元素（氮、磷、钾）之一的3%[391]。

·获取磷（污水、清洗后的污泥、动物垃圾焚烧后的灰烬中）来替代矿物质肥料[304]，[305]。

·禁止所谓的“第一代”生态燃料的生产（即根据为人类提供食物的作物所生产的产品），采用第二代产品（即根据植物中不被利用的秆和叶中的纤维材料生产的产品）；然后，利用第三代生态燃料（根据微生物生产的产品，比如微藻含有可用来制造生物柴油的大量脂肪酸）[348]，[349]，[350]。

·尽最大可能地发展和普及有机农业，即远离现在正在发生的一切危害。

·保护正在消亡的种子，它们在未来的气候条件下将会发挥作用。

·执行2001年通过的《粮食与农业植物遗传资源国际条约》规定每个签约国与其他国家共享各种信息和64种作物的基因体，它们占用人类食物的80%的植物生产，大约2000个植物基因库在全世界建成。最重要的是，建立了挪威斯瓦尔巴群岛的种子储存库，位于离北极约1300公里的一处山坡里。在该库里没有任何转基因产品，种子库被称为“世界末日的保险箱”，种子库里藏有来自世界各国的100多万个不同的品种，装在袋子里，任何人不得打开，每个袋子含有500多种种子[467]。还有其他的基因库，印度的非政府组织“九种”（Navdanya）基金会保存了5000多个植物品种，其中包括蔬菜和药用植物，就像英国的皇家植物园——邱园（Kew——Royal Botanic Garden）一样。

所有这一切都将体现在食品成本的提高上，也就是说必须将更大部分的收入花在食物上面，同时减少其他的消费支出。例如，倘若每个法国人每天多花10欧分来吃得更加健康，那么每个法国农民几乎每个月可增加250欧元的收入。而且，从长远来说，这还将极大地减少健康方面的支出。

应该承认的是，我们在吃得健康方面还花得不够。这是一种重要的策略性选择。

对全球农业食品加工业采取更有约束性的规则

·减少现成食品和饮料中的油脂、盐、添加糖和脂类物的含量，特别是给儿童们吃的现成食品和饮料。这些食品所含热量总量不能超过30%，同时必须达到下面两个要求：饱和脂肪酸不能超过热量总量的10%；反式脂肪酸（见附录）最大值为1%。免费的糖（企业在食品中添加的或在蜂蜜、糖浆、果汁之中天然所含的）不能超过每日热量含量的10%。盐的消费必须控制在每天不超过5克的量[392]。

·取消不容易回收利用的食品和饮料包装，这是可以做到的，这个领域已经取得了不小的进步。瑞典公司“明日机器”从此推出了用食糖和焦糖蜡做的油瓶包装，还有用藻类做的冰果汁包装和用可降解蜂蜡做的大米包装，这些包装跟它们所装的食品的保质期相同。伦敦一家名为滑行岩实验室（Skipping Rocks Lab）的新创公司建议用海藻做的可食用瓶子来替代塑料瓶，其成本甚至比塑料瓶还低。可以采取用来减轻塑料包装污染的措施，比如对三角洲的过滤，以阻止垃圾通过河流进入海洋。

·增加税收和政策激励来反对塑料包装。2002年，爱尔兰把塑料袋的价格提高了15欧分，结果是2017年的塑料袋使用减少了90%[525]。法国在2016年禁止了一次性薄塑料袋的使用。欧洲议员们于2018年10月投票通过了禁止部分一次性塑料产品的使用。人们甚至可以做得更好，可以禁止塑料包装的新产品的上市销售，因为塑料的回收利用要消耗水和不少能源。

·建立食品领域的国际刑事法庭，用来判决企业主们犯下的罪行。他们会来自农业和农业食品企业、销售领域、快餐连锁行业，以及其他大型的食品系统，如果他们故意严重地损害了消费群体或生产群体，而在他们所在的国家里，国家司法还没有足够强大或不能诚实地与他们抗衡。这个法庭将会是足以震慑这些企业领导的重要手段，可以令他们终止毒药的生产。法庭可以根据现存的鉴定机构来做裁决，比如联合国粮食及农业组织国际食品法典委员会，还可以根据现存的条文来做裁决，如169个国家于1966年通过的《经济、社会及文化权利国际公约》第11条规定，其内容为：

“本公约成员国承认任何个体享有免于饥饿的基本权利，将单独或以国际合作的方式为此采取必要的措施，包括具体的方案：（a）改善食品的生产、储存和销售方法，通过充分利用科技知识，传播营养教育理念和改革完善土地制度，最大限度地确保自然资源的开发和利用；（b）确保世界食品资源根据需要来进行公平的分配，充分考虑食品进口国和出口国所面临的问题[380]。”

这些应该足以为此类法庭提供坚实的法律基础。

每个人最佳的饮食制度：食物利他主义

每个人都有权利去做就科学和实践而言对自己最有利的事情。然而，对每个人来说是最好的事情，也恰恰是对执行前面这些目标最有帮助的事情。因此，个体最佳的饮食制度是建立在食物利他主义这个基础之上的：只需消费对其他人和自然有益的食物，就可以令这种消费对自己有益。

在数千年来形成的无数种饮食制度（希波克拉底的、中国人的、阿育吠陀的和其他的饮食制度）中，难得有几个共同点，而我们已经可以信任这些共同点。它们都建议不要吃太饱，少吃肉和糖，少喝酒，禁止消费通过强制劳动获取的产品，或使用通过对人类或自然有害行为所获取的产品。

如前所述，这些饮食方面的义务实际上也是世界现状所迫。对每个个体和整个群体来说，人类除了彻底减少肉类、酒精、糖和乳制品的消费，采用可持续渔业的方法，推动水果和蔬菜的消费，以及发展农业生态和城市农业之外，就别无选择。特别是在西方国家，人们在今天要消耗三分之二的动物蛋白质和三分之一的植物蛋白质，这些国家需要与在其他地方一样到 2050 年扭转局面，消耗五分之四的植物蛋白质和五分之一的动物蛋白质。每天的水果和蔬菜消费量应该达到 400 克，方能获得足够的食物纤维。

这些极为古老的饮食原则的贡献是减缓了农业生产的必要增长，降低了温室气体的排放量，更好地保护了土壤。

不幸的是，这些饮食制度在许多方面又是矛盾的："远古"的饮食制度要求局限于在旧石器时代吃的食物；克里特岛人的饮食推崇地中海盆地的产品，尤其是橄榄油；生食主义者只对生蔬菜情有独钟；而在素食制度中人们宁愿用低温煮；在冲绳，人们优先选择水果、蔬菜和所有谷类，温火煮，严格控制肉类、乳制品、糖、盐、油脂的消费，每周至少吃三次鱼，每天至少喝 1.5 升水和两杯茶[306]，[307]。最后，单一饮食法（régime dissocié）是每天只吃一种"类型"的食物（鱼、蔬菜、乳制品、水果、鸡蛋……），而酸碱平衡饮食法则全力关注所吃食物中 pH 酸碱度的平衡。

当有人请营养学家们具体推荐水果和蔬菜的时候，有些营养学家推荐的水果和蔬菜又被另一些营养学家否定。但是，如果相信最新的饮食潮流的话，还是应该选择大米、扁豆、昆诺阿苋、蚕豆、四季豆、苣荬菜、牛油果、西红柿、洋蓟、茄子、芹菜、西兰花、橄榄、肉桂、生姜、罗勒、小茴香、绿豆、豆腐、蘑菇、螺旋藻等常见食物[63]。

特别是这些食材必须保证纯天然，其需要有优良的品种，完美的种子，并种植于完美的土壤之中。

最后，需要优先考虑新鲜的食品，它们没有被农业食品加工业再加工过，也没有被包装在塑料制品里面。

总之，个体每天的热量需求应该控制在7500～12500千焦之间，根据性别、体重、活动、外部气温、年龄而定。蛋白质（总热量的12%）、脂类（35%~45%）、碳水化合物（50%~55%）需要合理分配。

少吃肉，多吃蔬菜

出于对这个属于每个人的星球的利益考虑，人们将部分或完全地终止对牛肉和羊肉的消费。

这将会有利于控制温室气体的排放，大规模减少水资源的消耗，减少对土地的污染，减少氮肥的使用和某些植物的农业生产。

为此，还必须开发已被遗忘的、逐渐被抛弃的那些植物的种植，它们已经仅存在于最基础的环境里，在那里，它们还是某些人群不可或缺的食物，尤其是在撒哈拉沙漠以南非洲地区。在这些数不胜数的植物中，包括了以下植物：

·苔麸，在埃塞俄比亚（占该植物在世界种植总产量的90%）和厄立特里亚种植的主要谷物，比大米还富含纤维，比三种主要的谷物还富含铁和蛋白质。同时也是钙含量不容忽视的罕见谷物之一。除了营养含量，其生长周期很短（在2至5个月之间）且可适应各种气候条件。在埃塞俄比亚的1200万个小型生产户中，有一半出产苔麸[120]。

·辣木，在印度、斯里兰卡、阿拉伯半岛、马达加斯加和塞内加尔种植的一种热带树。其根、叶、果（荚果）、花、籽和壳均可食用。其叶富含矿物质、维生素、蛋白质和抗氧化剂，其根富含蛋白质、维生素A、维生素B和维生素C，以及矿物质（钙和钾）。在印度，辣木荚果可加咖喱食用，荚果里的籽也可生吃。联合国粮农组织特别建议儿童和孕妇食用此树的树叶，这是人类未来的一种重要植物[381]。

· 巴姆巴拉豆，这是可以当作粮食的主要豆科植物之一，原产于西非地区[382]。这种植物生长在极少有其他植物能够生长的地区，它能够通过固定土地中的氮来改善土壤的肥沃度，它的叶子完全适合动物食用。最后，对于一种植物来说，其蛋白质含量（18%）是极高的，这一点在不能开展饲养业的地区很关键。世界上第一大巴姆巴拉豆生产国是布基纳法索。尽管在越来越多的地区出现巴姆巴拉豆，但巴姆巴拉豆的种植还非常有限。巴姆巴拉豆也是人类未来的一种重要植物。

还有各大洲的其他许多植物。

不必害怕消费这些已经被普遍遗忘的植物：若要保护一个植物种类，最好是合理地消费这种植物，而不是忽略它并任其绝种。

大量减少糖的消费

我们现在吃的蔗糖本身是由果糖和葡萄糖构成的。水果的果糖可以为人体提供足够量的热量。因此必须禁止一切合成糖。

2016 年，世界卫生组织呼吁在世界范围内对至少 20% 的含糖饮料提高税率，以此来对抗体重肥胖的祸患[191]。有些国家已经开始朝着这个方向行动。考虑到来自企业界的压力，国家一般都采用非强制性的做法。从 2008 年起，法国采取了一种“自愿承诺约章”的政策，农业食品加工和销售领域的 37 家企业承诺减少各自产品中糖的含量。还有待于检验的是，这种承诺是否仅仅流于表面，是否真正落到实处。

人们还需要成功地将糖忘掉，这一点很难做到。前已述及，吃糖有助于自我控制。自我控制需要大脑有一种强大的意志力且会导致大量的葡萄糖消耗。于是，当一个人血糖过低时，比如一个糖尿病患者，将会更加难以控制自己强烈的情绪冲动[145]。因此，需要找到糖的可靠的替代品。

要替代糖，可以使用多元醇和塔格糖（含于牛奶和某些水果中）；使用诸如天门冬氨酸（人工甜味剂）和甜菊素（提炼自甜菊的叶子）等甜味剂。所有这些都具有极高的增甜功能（比餐桌上的食糖要高数十倍）且不会增高葡萄糖在血液中的含量。它们所带来的热量很少，甚至是微不足道的。

龙舌兰糖浆的甜度要高于蔗糖或甜菜糖，但是比天门冬氨酸和甜菊素要弱，热量含量要略低于食糖。它不含葡萄糖，因此血糖指数要低；与之相反的是，它富含果糖，因此会增高甘油三酯的指标。甘油三酯指标标升高属于导致心血管疾病的原因之一。

其他源于天然的糖（如有机可可糖，其血糖指数比蔗糖要低一半）也可以部分替代蔗糖或甜菜糖以及诸如高果糖玉米糖浆等工业糖[383]。

吃本土产品

必须尽可能多地吃新鲜的蔬果，产地不要超出120公里的半径范围。因此，我们要尽可能吃当季产品，而且这一当季产品必须没有人为添加的物质，并且尽可能少地受到人为加工。

这就要求在城市周边增加农场，或增加城市里的农场，或紧贴城市的农场，这也可有助于减少产品运输时产生的二氧化碳的排放。

这种短途的流通已经占法国食品市场的 8%。在加利福尼亚州，这一比例则还要高。在底特律，因为受到汽车制造业危机的影响，一家名为“绿色底特律”（The Greening of Detroi）的社团，从 2003 年起就获取了被逐渐离开该市的工人和小资产者抛弃的空地，创建了 1600 多个城市农场。在同一座城市里，“密歇根州城市农业计划”社团于 2016 年在市中心投入了一个农业社区的建设，该社区由大家共同负责，绿色且免费。社区种了 200 多颗果树，产出免费派送给城里的穷困家庭[137]。

人们可以在所有的大城市里建菜园，比如可以沿着住宅区大楼的窗户边种菜。城市农场也可以使用微型灌溉系统（直接针对植物根部，因此水和肥料成本极低）、水耕栽培（无土栽培，代之以某种无菌惰性培养基栽培）、空中栽培（植物悬挂在水蒸气和营养物丰富的空气中栽培）[23]。巴黎市有望建成世界上最大的城市农场，而且就建在凡尔赛门展览中心的屋顶上面。

总之，根据微生物学家迪克森·德斯波米耶所言，用于城市农业的一座 30 层的大楼，占地面积 2 公顷，但是，却可以每年生产出相当于一个面积为 970 公顷的乡下农场的产量[106]。

吃得更慢一点

吃得更慢一点，要求嚼得更慢一点，且将每一口饭分开，这种做法有双重好处。首先，非常慢地咀嚼有助于减少高达 15% 的热量摄入，并可以保护牙齿健康。其次，每一口分开吃可以饱得更快，因为胃有时间来向大脑传递所吃的量。

因此这两点（嚼得慢和每一口分开吃）都是食量的控制要素，它们还可以避免食道、胃和肠的过度疲劳。

就这方面来说，人们可以养成每顿饭期间放下手中餐具两三次的习惯，用来说话、倾听、暂时忘掉食物。人们也可以想象在餐盘中间有一条直线，在暂停一段时间之前只吃掉其中的一半食物。

当跟人一起用餐的时候，当吃饭变成一种活动，即作为一个关于所吃食物或其他话题的交流时刻，这种习惯就更加容易操作。如果是跟做饭的人一起用餐，也没有必要因为吃太快而令花了数个小时准备的做饭者扫兴，那么，这种习惯就更有必要了。如果其他客人也这么做，那么，这种习惯也会更易养成。

而如果是独自用餐，那就很难养成这种习惯了。眼睛盯着一张报纸、一本书或一个屏幕，或者是在办公场所匆匆吃饭，只等着尽快回到工作中去，便很难如此。

因而，交谈有助于健康地吃饭。更有甚者，交谈会让人更加了解所吃的食物。

了解所吃的食物

未来，所有消费者都应该能够轻松地了解到一切所吃食物的食材，从谷物到肉类，从调料到饮料，从蔬菜到最工业化的产品。特别是每个人都必须能够识别食品中出现的转基因产品、杀虫剂、草甘膦、工业糖、某些含变应原产品，必须知道一个产品的原产地和生产日期。必须建立和推行尽可能独立和有严格要求的标签来令消费者了解实情。

区块链将会促进产品在高效、可追溯方面的发展，方便消费者详细了解各个环节：收获、生产、加工、运输、销售，部分应用软件已经在运行。

在美国，应用软件海鲜观察（Seafood Watch）已经被下载约200万次，该软件可以帮助消费者选择本土可持续渔业带来的海产品，其产品分成三类："优选""可选""避选"。

在中国，众安科技创建了一个区块链平台，可以帮助消费者追踪一只鸡从饲养到包装的整个生产过程。

在法国，蓝白心（Bleu Blanc Coeur）开发出了一些工具，可以让消费者了解方便产品追溯的数据站点。开放食品事实（Open Food Facts）采取了联合型数据并在2012年开启了"开放源码"（open source），目标是要标列世界各地消费的食品的所有食材、变应原和营养成分。该数据站点在2017年统计了由7500名参与者收集的39.6万多条参考信息。由佳（Yuka）也是在法国的一款应用，依托Open Food Facts的数据，可让消费者查询产品的营养价值。Yuka的下载量已经超过700万次，虽然有些人也质疑如此收集的信息的可靠性。最后，连接食物（Connecting Food）还想要做得更多，使用区块链来直接追溯产品的原产地并追查农业食品企业在整个生产过程中是否遵守招标细则。

这种形式的了解将会促进食品教育，同时，食品教育也将会促进人们对食品的了解。

食品教育

食品教育的一切都应该在学校里进行。食品教育不妨以食堂用餐时发卡片的形式以及致家长的建议形式进行，以便在家中的早饭、点心和晚饭不至于将孩子们在学校食堂所吃的营养都给破坏了。

人们尤其应该普及本书附录中的内容：什么是热量，什么是维生素，什么是营养物，什么是蛋白质、脂类和碳水化合物？食欲是如何产生的？我们的大脑、牙齿、口腔、食道、胃、肠分别扮演什么样的角色？食物是靠什么来滋养大脑的？哪些食物和哪些饮料是对身体和精神有毒害作用的呢？

必须在孩子很小的时候就教会他们：坚决不要吃含加工糖的食品，包括饮料；只吃黑巧克力，不吃甜味和咸味的工业食品；要咀嚼，要吃得慢；要在餐桌上聊天，尽可能待更长的时间；要节食，要控制食物的产地，要质疑牛奶、面包、饲养动物和海产品的加工条件，最后，还要质疑是否使用了化肥。

显然，还必须让孩子们提防酒精、烟草、脂肪和其中也包括糖在内的有害物质的危害。

此外，必须教孩子们学会做饭，了解一些菜谱，摆餐桌、端菜、清理餐桌、洗餐具，教他们在用餐期间学会倾听和参与聊天。

最后，每个人都得学会抗议想强加给自己食物的行为，学会将拒绝吃有害食物视为自己作为公民的职责，学会揭露危险的食品，学会避免成为虚假广告的上当者，特别是来自那些大企业的广告，因为大企业的广告中会声称自己的产品是营养产品或有机产品，而事实上却不是。

在学校里，跟在其他地方一样，必须开展有规律的身体运动：一个孩子每天 60 分钟，一个成年人每周 150 分钟[173]。此外，还得学会每天至少站立 6 个小时，2016 年在得克萨斯州的三所学校里完成的一项调研表明，站着上课的学生的身体质量指数（体重 / 身高的平方）甚至会比坐着上课的学生低达 0.4 个点[111]。2018 年在《欧洲预防心脏病学杂志》[155]

刊发的一项研究显示，站立姿势会燃烧更多的热量（每分钟比坐着要多消耗约 0.62 焦耳，即每天站立 6 个小时要多消耗约 226 焦耳），而且站立有助于减少心脏疾病风险、脑血管意外风险、糖尿病风险。最后，站着上课还可以提高 7% 至 14% 的认知能力（根据 2016 年在《国际环境研究与公共卫生杂志》发表的一项在美国多所大学完成的研究）[112]。

吃得更少一点

食物充足的人或许可以吃得少一点，这对自己和这个星球都不无裨益。首先，可以从定期禁食开始。

我们知道，人体会吸收吃入的营养物，接着，在不久之后，开始消耗储存在肝里、身体脂肪里和肌肉蛋白质里的糖分，人体会清除有害的物质并更新消化系统。

因日本人大隅良典（Yoshinori Ohswmi）在“自噬”（autophagie）方面的研究成果，2016 年诺贝尔生理学或医学奖颁发给了他。自噬机制开始运行的条件是：没有外部营养物的时候，细胞会消化一部分自身的细胞质并以此来生存下去[255]。

对人来说，主动禁食不仅方便降低体重，还可以改善 2 型糖尿病人对胰岛素的吸收，降低患心血管疾病的风险，阻止细胞衰老。

鲸鱼和海龟能够数月里不进食并且寿命可达 150 年。在老鼠身上，人们发现了禁食对诸如帕金森病和阿尔茨海默病等神经退化疾病有积极的效果[255]。

如果不喜欢或多或少有点离奇的那种禁食行为（比如英国医生麦

可·莫斯利，他主张每个星期只在五天里“正常”吃饭，另两天只摄入500千卡）[254]，最好的办法是按时间段来禁食，在14个小时里不吃饭。

除了禁食，人们应该更加普遍地减少食品的消费量，甚至是那些健康的食品。而且，为此，各种技术可以帮忙减少食欲并更快地得到饱足感。例如，在吃饭之前喝冰水。

“健康的烹饪”，为了健康的生活和健康的地球

总之，如果前述的一切做法都得以施行，人们还有机会来拯救这个星球并在上面幸福地生活，也还有机会来调和有利的东西：每个人的快乐、每个人的健康和这个世界的健康。

服务于自己和子孙后代的烹饪，被称为“健康的烹饪”。

拟实行前述一切做法的烹饪，将会把美食和自己、他人、地球的健康联结在一起，把本土和全球联结起来。这是一种绿色的和健康的烹饪，能够对所用食材及其原产地一清二楚的烹饪；这种烹饪，和其他许多艺术一样，将会糅合科学和艺术创作，糅合自然和考究；这种烹饪，如同其他一切艺术中的佳作，将会颂扬生活，将会懂得如何通过回忆将忧伤变成喜悦，将短暂变成不朽。

这是一种人人皆有权利来发明的烹饪，如同人人皆有权利设计、画画、唱歌、作曲，人人亦都有权利发明健康的菜谱，以自己的方式糅合各种健康的产品。通过这种做法，人们可能做得很糟糕，也可能会发现奇迹。这种烹饪只有是人人都可以享受的，才能真正变成一种完整的艺术。

这是一种属于全球的健康的美食，简朴和安宁的美食，将会催生出一

个健康的社会，一个既畅聊又愉悦、既利他又幸福的社会。

还有一点，也许是更加重要的一点，这种烹饪将会变成为其准备的某些特殊时刻里的一种新型的交谈仪式。

找回一起吃饭并说话的快乐

在那些还保留着聚餐的国家，继续维持这种传统非常重要。必须保护这些时光，跟孩子一起分享早餐，跟同事或朋友分享午餐，跟家人分享晚餐。通过这种形式，可以让人们不至于太早就去上班，也不至于下班回家太晚。

在那些聚餐已不复存在的国家，这是必须追回来的一种主要的社会主张。

在学校，孩子们不仅要学会做面包，还要学会在分享面包的时候相互交谈。交谈的内容不仅仅是做面包的方法，还涉及各种主题。人们也必须教会他们在餐桌上的交谈艺术：他们该说什么和不该说什么，该怎么说和怎么做才能够成为被主人喜欢的客人，或是大家希望再次见到的客人。尤其是要教会父母，永远不要禁止孩子在餐桌上说话。

同样，必须根据这一点来考虑房子和大楼的建筑结构：在每一户住宅中尽最大可能保留一个餐厅。人们甚至可以考虑在每座大楼里设计一个公共用餐区，就像在某些豪华楼房里已经可以看到的那种，里面有一个供大楼住户使用的餐厅。最理想的是，餐厅里使用的食材就出自大楼楼顶上的农场。

在企业里，工会必须将集体聚餐这种重要时间的回归列入首要的权利主张。人们会发现所有的工作单位都想着取消集体用餐，想着让每个员工最好都只在办公室里或会议室里独自吃点快餐。因此，必须改变工作单位的用餐方式。这种责任甚至必须在设计办公楼的建筑结构时就纳入系统性的思考并列入社会权利，创造同事之间真正的聚餐机会并给予足够的聚餐时间。

这方面并非真的需要很多成本：如果这种用餐的时间和性质得以变成现实，那么，工作效率也将会提高。在我看来，吃清淡和健康菜肴的聚餐所带来的创造性，要远远高于围着桌子开会时扒几口糟糕的含化学物的食品。

最后，社会权利和家庭权利必须得到考虑，以使家庭的餐桌时间得到保护，使餐桌真正成为家庭中一个聊天交流和信息传递、享受创作和心情愉悦的场所。

食物的历史与未来

总之，在这场漫长的旅行即将结束之际，我希望，人们能够理解这场旅行的重要的开创意义。因为在这一场旅行中，参考了其他大量书籍中关于人类许多方面的演变历程，所以，从此没有任何一场旅行会让我觉得比这一场更加重要。没有任何一场旅行会比这一场涉及更加中心的问题、更加具有开创意义。没有任何一场旅行会像这一场那样论述得如此全面。

因此，让人类拥有尽可能好的食物的做法紧迫之极。这种食物应该符合每一种文化，每个人能够与自己所爱的人分享，在合理的时间里一起分享，每天分享数次。在保证吃饭时间和场地的情况下，让每个人都有时间思考所吃食物的意义，思考利用这种食物来拯救这个星球的方式，思考其他一些基本主题，而虚假生活的虚幻，碎片化的工作，被拆散的群体，这一切都在阻止我们所思考的主题。

凡此种种，难道都是人们希望看到的吗？人们会打破世界农业的格局并为每个农民提供生存和健康生产的资助吗？人们会控制住一些农业食品加工企业那种疯狂的犯罪和无耻的贪婪行为吗？人们会随时提供吃得健康的方法、说话和生活的方法吗？会让已被遗忘的物种重新焕发活力吗？会保护好人类遗产吗？会停止对这个星球的开发、掠夺、破坏吗？人们会寻回交流、欢笑的那些时光吗?

或者人们只能满足于沉默吗？在这种沉默中，难道再也没有谁可以说点什么，就只能埋头吃着自己盘中乱七八糟的东西吗?

这些问题的答案就存在于我们的历史当中，存在于我们每一个人身上。也存在于我们的清醒、我们的勇气当中。

附 录

食物的科学原理

味道

人类可是花了2000年的时间才得以将各种滋味（saveur）的概念都明确下来的。

亚里士多德将滋味分为7种：令人舒服的（甜味）、令人讨厌的（苦味）、油味、咸味、辛味、涩味、酸味。在近2000年里，他的定义都没有被推翻。在18世纪末，尼古拉·约利科莱克将滋味分为10种：无味（水质）、干味、甜味、油味、黏味、酸味、咸味、辛味、苦味、涩味，“水是无味的，面粉是干味，糖为甜味，油乃油味，树胶是黏味，醋为酸味，盐是咸味，芥末是辛味，胆汁是苦味，没食子是涩味[44]。”因此糖没有被视为自身就是一种滋味，而是被视为一种“甜味”的形式。在1864年，德国生理学家阿道夫·菲克区分了4种原味，其他一切滋味都只是它们的组合而已：甜、咸、苦、酸。1914年，化学家格奥尔格·科恩率先使用“味道”（goût）这个词来称呼这4种滋味的每一种。1908年，日本科学家池田菊苗（Kikunae Ikeda）区分出了第5种原味，将之称为“umami”，译成法语叫“savoureux”（鲜味）。

于是，5种原味分别为：甜味（蔗糖）、咸味（氯化钠）、苦味（奎宁）、酸味（柠檬酸）、鲜味（谷氨酸）。

今天，人们对大脑如何分析这些味道有了一点了解：味觉和嗅觉位于同一个大脑皮层区，也存于被称为杯状体或味蕾的组织里面。味蕾会跟味觉细胞连在一起，分布于舌头的背部、腭部、咽部和食道前端，对五种不同的“味道”敏感。每个人体平均有1万个味蕾，其中75%位于舌背，其余的分布在其他部位[13]。这些感受器会将各种刺激发送到大脑。然后，大脑会分析出各种滋味。

人体的食物需求

食物对人体的贡献有3种：水、能量和具体营养物。

水是我们身体的主要构成（在成年人身上平均占65%）；水存在于人体的每一个组织和细胞里面。水在有机体体内的交流中发挥着许多作用：因为水，通过生理常数稳定性运作，外部营养物才得以进入细胞内部，反过来细胞的垃圾才得以排出。占血液含量55%的血浆中约90%的成分是水。水具有强大的热量贮存功能，温度变化对其影响不是很大，这令水在体温调节中起着必不可少的作用。最后，水会进入流体润滑液，流体润滑可以减少骨与骨之间的摩擦且有助于消化系统和呼吸道系统的功能发挥。根据世界卫生组织的数据，人体10%的水分流失可能导致死亡[100]，[164]。

能量摄入是用“卡路里”（Calorie，大写的C）来计算的。首先，这是一个物理单位，1824年由法国科学家尼古拉·克莱蒙确立，即将1千克水的温度升高1摄氏度所需要的能量，对应的是1000倍的现代卡路里（calorie，小写的c）或1千卡（kilocalorie或kcal）。美国高校学者威尔伯·奥林·阿特沃特第一次将大写C的“卡路里”用于营养学领域。在1887年发表的一篇论文中[117]，他将之确定为有机体提起一个1.53米高的木桶所需的能量。

因为有了这种人体营养摄入定量新方法，阿特沃特的研究给现代营养学和体育学带来了启发。跟热量概念密切关联（卡路里的名称来源），食品所含的卡路里值体现为食品通过细胞新陈代谢在“燃烧”或“氧化”过程中可能释放出来的热量值。没有被有机体消耗掉的热量摄入必将被转化并以脂肪组织的形式储存下来[512]。在不运动的时候，一个成年人的基本新陈代谢每秒消耗 75.35 焦。每个人每天平均消耗 11.934 千焦（在马拉维是 97.5 千焦，在法国是 14.123 千焦，在美国是 14.437 千焦）。

最后，对人体必不可少的其他营养摄入有下面 6 种：

蛋白质，由碳、氢、氮和氧构成，它们的主要功能是构建和维持细胞和组织。它们能组合成各类氨基酸（AA），这些氨基酸可以帮助人体生产所需的 3 万种各类蛋白质。这些氨基酸含有羧基（COOH）和氨基（NH 或 NH_2）两种官能团。它们会在有机体正常运行所必需的大量现象中介入，比如在营养物的传送和储存中。它们是我们大量的组织和细胞的构成元素。然而，人体只能够制造 20 种产生蛋白质所需的氨基酸中的 11 种，其他 9 种只能来自食物。它们在植物中跟在动物中的含量一样多（所有肉类都含有人体自身所缺的这 9 种 AA）。鸡蛋、奶酪、鸡肉、沙丁鱼、油料作物油籽、鹰嘴豆、小扁豆等都含有许多蛋白质。一个 75 公斤的人，蛋白质所占比重是 11.5 公斤。法国食品、环境和职业健康与安全管理局（Anses）建议一个体重 75 公斤身体健康的成年人每天吃 62 克蛋白质，这 62 克蛋白质可以来自动物也可以来自植物[192]。

脂类，也被称为“脂肪体”（corps gras），由各种“脂肪”酸（如“欧米伽”等）组合构成，这些脂肪酸则由碳、氢、氧和某种醇类构成。脂类会承担大量的功能，尤其是提供能量，令身体可以保存体内热量。一个 75 公斤的人需要 9.2 公斤的脂类，脂类再增加的话，患心血管疾病的风险也会提高。

不同于天然脂肪酸（产生于反刍动物的胃里，还有可能得自于牛奶、乳制品和肉类）[393]，[394]，工业脂肪酸通过植物油加工获取并被用作农业加工食品的防腐物质。工业脂肪酸可以在甜酥式面包、谷类、三明治、比萨饼中找到。过量食用工业脂肪酸会提高心血管疾病和 2 型糖尿病的患病风险。

矿物质，贡献在于维护细胞和细胞外的液体以及人体的骨骼。其中，钙和磷存于骨头中，铁、钾和钠存于神经细胞当中。微量元素（尤其是铜、氟、锌）会在大量的酶反应当中发挥作用，尤其会在免疫系统和激素形成方面发挥作用[193]。

维生素，由波兰生物化学家卡西米尔·冯克于 1912 年发现，在人体的化学反应中发挥着催化剂的作用。维生素缺失会导致某些疾病，比如摄入维生素 C 不足会引发坏血病。部分维生素可以从水果和油类中获得，肉类含维生素 B_{12}。色氨酸（人体主要的 9 种氨基酸之一）和维生素 B_6 存在于鱼、坚果、籽核和绿叶菜中，对 5- 羟色胺（在成年人某些情绪和行为的调节中起作用的一种神经递质）的合成有重要作用[194]。牛奶、奶酪、鸡蛋、鱼等都富含色氨酸。维生素 A[195]可以产生类维生素 A 酸，后者在大脑可塑性所依赖的大脑内部突触的形成中发挥作用；因此，摄入维生素 A 不足可能会促使阿尔茨海默病的过早发生。

碳水化合物，主要是糖（葡萄糖、果糖、半乳糖）和淀粉（糖原和纤维），由碳、氧、氢构成。它们跟脂类和蛋白质一起构成有机体可利用的能量来源。

每一克碳水化合物会释放出16.74焦热量。在消化过程中，它们会转化成用来产生细胞和肌肉可利用的能量的葡萄糖。有些细胞，如神经元，特别依赖葡萄糖才能正常发挥作用。人体会在空腹时努力将血液（或血糖）中的糖分含量维持在每升0.7克到1.2克之间[512]。2007年，法国国家科学研究中心根据在实验室老鼠身上的一项研究得出，糖的成瘾性跟可卡因的成瘾性同样强[94]。摄入糖之后，大脑会释放多巴胺，这是一种会对情绪产生影响并让我们感觉更加愉悦的神经递质；我们感觉孤独时，它还会让我们产生吃甜食的欲望。

酶，通过分解人体内不能直接吸收的食物来确保人体的自然机能。

肠，在消化过程中，食物通过肠的收缩进入肠道。

肠道微生物群（也叫肠内菌丛）含有10^{12}至10^{14}个微生物，总重量约为2公斤。肠道微生物群跟指纹一样，每个人都不会相同，会根据食物和环境形成。

肠道微生物群的平衡有赖于食物，食物必需含有丰富的纤维（豆科类、所有谷类、柑橘类、带壳水果）和益生菌（未经灭菌的酸奶和干酪）。

微生物群的功能和质量退化（微生物失调）会引起肠道的自身免疫系统疾病和炎症。糖尿病和肥胖症跟肠菌失调也有关系[400]，[401]。

肠道分泌出来的肠液中所含的酶会合成食物中无法消化的各种营养物，然后，这些营养物才会通过肠壁吸收。同样，蛋白质也会在肠道中被合成为氨基酸，脂类则被合成为脂肪酸[400]，[401]。

食物如何影响我们的大脑呢？

大脑虽然仅占人体比例的 2%，但是要消耗人体摄入总能量的 20% 左右，如果大脑从事的是高强度的脑力劳动，那么这个比例还要更高。

蛋白质在大脑细胞的生长和发育中有重要作用；氨基酸对调节情绪、睡眠、注意力和体重方面的神经递质的合成也起作用；脂肪酸欧米伽 3 和欧米伽 6 对大脑保持健康不可或缺；碳水化合物负责大脑的能量摄入。

大脑能量的主要来源是葡萄糖。血糖过低会导致脑容量降低，会做出不成熟的和反常的决定，会产生沮丧的情绪和侵略性的行为。

因此，食物对各个年龄段人群的大脑发育都会产生影响：

· 出生前：维生素 B_9 和维生素 B_{12} 在胎儿神经系统的产前发育中发挥着极其重要的作用。

· 出生后两年期间：母乳含有欧米伽 3 脂肪酸（比动物乳含量高），这种脂肪酸对细胞存活和大脑很重要。所以在早产的情况下，人们尤其建议喂奶，这样可以弥补大脑皮层发育的滞后。根据阿德莱德大学（澳大利亚）的研究员们进行的一项研究显示[196]，出生后两年里的食物会对婴儿的智商（IQ）产生影响。在出生后几个月里先只吃奶，然后吃新鲜水果和蔬菜的婴儿在 8 岁时智商会提高 1 到 2 个点。反之，如果婴儿的食物在糖和脂肪（往往是跟吃加工业的成品有关）方面含量过高，那么孩子在 8 岁时智商会下降 1 到 2 个点。

· 青少年时期：脂肪和糖类摄入过量会令大脑海马区的功能衰退，这是在记忆和空间导航方面发挥作用的脑区。相反，青少年可以有效地吃一些欧米伽 3 脂肪酸。

· 成年时期：蛋白质丰富的饭菜会让人的注意力更加集中；营养平衡的健康饮食可以抑制抑郁的风险；含糖食品的摄入过量所导致的大脑反应与可卡因等某些毒品摄入所产生的反应是相同的；孤独会让人去喝酒，去消费脂肪和糖类含量丰富的食品。

是什么在影响我们的食欲?

"饥饿"对应的是吃饭的生理需求，而"食欲"是指特别想吃点东西的某种欲望。

食欲会受到许多因素的影响：食物的化学成分、感觉、香气、食物的构成、咀嚼食物时发出的声音……

环境对饥饿和食欲会产生影响，气味、光线强度和音乐对食量起着决定性的作用。牛津大学的一项研究显示，根据音响效果，食物会产生或多或少的苦味[197]。康奈尔大学的一项研究则表明，灯光微弱和音乐柔和可以让人降低食量；而如果食物和碟子颜色相同，食量就会变大[399]。

气候也会影响我们的饮食：天气寒冷时，我们吃的食物所含热量会更高。佐治亚大学的研究证明，气温降低时，人体平均每天要多消耗 200 卡（即约 837 焦）[399]。

我们聚餐时，客人们越来越多地点相同的菜[399]。对一道菜的回忆会让人产生继续吃这道菜的渴望，或者唤起对这道菜的详细的记忆，就像那个马塞尔 · 普鲁斯特谈论马德莱娜蛋糕的著名例子一样。

最后，食物还能够深刻地改变一个人的气质：在一个蜂群中，如果采用不同的方式来喂养一只幼蜂，它就可能会根据喂养方式的不同而相应地变成一只蜂王或一只工蜂。对人来说也一样，虽然，对这个变化的过程，人们的了解还不多。

国际生态目标中的食物

1963 年，联合国粮农组织和世界卫生组织制定了《食品法典》[380]，这是一部关于农业产品方面的各种规定，目的是要保护消费者的健康，促进农业食品的生产商、中间商和销售商之间的公平关系。

在 2016 年，联合国可持续发展 2 号目标是这样定义的："消除饥饿，确保食品安全，改善营养和促进可持续农业[190]。"

2018 年 5 月 14 日，世界卫生组织发起了一场运动，目标是清除来自工业领域的反式脂肪酸（不饱和脂肪酸）。

致 谢

感谢那些曾经愿意跟我一起讨论本书主题的人们，有些讨论甚至持续了很多年。他们中有：伊德里斯·阿贝尔坎、热雷米·阿塔利、费尔南·布罗代尔、理查德·C.德勒兰、皮埃尔·加涅尔、埃尔维·勒布拉、米歇尔-爱德华·勒克莱尔、蒂耶里·马克斯、埃德加·拉比、安托瓦纳·里布、弗莱德里克·萨勒曼博士、皮埃尔-亨利·萨勒法蒂、纪·萨伏瓦、米歇尔·塞尔和斯戴法诺·沃尔彼。还有其他很多人，包括厨师、餐饮业管理者、农业从业人员、企业家、史学家、医生，等等。也感谢桑德利那·特雷内，在她的帮助下，2017年夏天，我和斯戴法妮·邦维奇尼得以一起在法国文化广播电台 (France Culture) 主持了关于本书主题的连播节目。

还要感谢那些热心帮我审读拙著书稿的那些人，承蒙他们帮我确定了事实，补充了材料，并核对了文献。他们是：拉法埃尔·阿本苏、贝拉尔·本·阿玛拉、昆丁·布瓦隆、阿岱勒·加约、夏尔·帕潘、皮埃尔·普拉斯芒和托马斯·冯德斯切。

最后，要感谢苏菲·德·科洛赛和迪安娜·费耶尔，感谢她们如此认真的校读和在本书漫长的写作过程中给予的支持。

参考文献

Ouvrages

[1] Albert (Jean-Marc).Aux tables du pouvoir. Des banquets grecs à l'?lysée[M]. Paris:Armand Colin, 2009.

[2] Albert (Jean-Pierre).Midant-Reynes (Béatrix) (dir.).Le Sacrifice humain en ?gypte ancienne et ailleurs[M].Paris:Soleb, 2005.

[3] André (Jacques).L'Alimentation et la Cuisine à Rome[M].Paris:Belles-Lettres, 2009.

[4] Ariès (Paul).Une histoire politique de l'alimentation. Du paléolithiqueà nos jours[M]. Paris:Max Milo, 2016.

[5] Aristote.Histoire des animaux[M].Paris:Flammarion, 2017.

[6] Attali (Jacques).La Nouvelle ?conomie fran?aise[M].Paris:Flammarion, 1978.

[7] Attali (Jacques).L'Ordre cannibale. Vie et mort de la médecine[M].Paris:Grasset, 1979.

[8] Attali (Jacques).Au propre et au figuré. Une histoire de la propriété[M].Paris:Fayard, 1987.

[9] Attali (Jacques).Une brève histoire de l'avenir[M].Paris:Fayard, 2006

[10] Attali (Jacques).Vivement après-demain ![M].Paris:Fayard, 2016.

[11] Attali (Jacques).Histoires de la mer[M].Paris:Fayard, 2017.

[12] Bar (Luke).Ritz and Escoffier: The Hotelier.The Chef.and the Rise of the Leisure Class[M].Paris:Clarkson Potter, 2018.

[13] Barman (Susan) et al..Physiologie médicale[M].Paris:de Boeck, 2012

[14] Baudez (Claude-Fran?ois).Une histoire de la religion des Mayas. Du panthéisme au panthéon[M].Paris:Albin Miche, 2002.

[15] Bertman (Stephen).Handbook to Life in Ancient Mesopotamia[M].Paris:Oxford University Press, 2005.

[16] Boutot (Alain).La Pensée allemande moderne[M].Paris:PUF, 1995.

[17] Boyer (Louis).Feu et flamme[M].Paris:Belin, 2006.

[17] Capatti (Alberto).Montanari (Massimo).La cuisine italienne : histoire d'une culture[M]. Paris:Seuil, 2012.

[18] Carling (Martha).Food and Eating in Medieval Europ[M].Paris:Bloomsbury Academice, 2005.

[19] Courtois (Stéphane).Communisme et totalitarisme[M].Paris:Perrin, 2009.

[20] Davies (Nigel).Human Sacrifice in History and Today[M].Paris:Hippocrene Books, 1988.

[21] De Soto (Hernando).Le Mystère du capital. Pourquoi le capitalisme triomphe en Occident et échoue partout ailleurs ?[M].Paris:Flammarion, 2005.

[22] Dechambre (Amédée) et al..Dictionnaire encyclopédique des sciences médicales.G. Masson et P.[M].Paris:Asselin, 1876.

[23] Despommier (Dickson).The Vertical Farm: Feeding the World in the 21st Centuryr[M]. Paris:Picado, 2010.

[24] Dikotter (Frank).Mao's Great Famine: The History of China's Most Devastating Catastrophe.195862[M].Paris:A&C Black, 2010.

[25] Elias (Norbert).La Civilisation des moeurs[M].Paris:Pocket, 2003.

[26] Evans (Oliver).The Abortion of the Young Steam Engineer's Guide[M].Paris:Fry and Kammerer, 1805.

[27] Ferrières (Madeleine).Histoire des peurs alimentaires. Du Moyen ?ge à l'aube du xxe siècle[M].Paris:Points, 2015.

[28] Flandrin (Jean-Louis).Montanari (Massimo) (dir.).Histoire de l'alimentation[M]. Paris:Fayard, 2016.

[29] Freuler (Léo).La Crise de la philosophie politique au x xe siècle.Librairie philosophique J[M].Paris: Vrin, 1997.

[30] Gantz (Carroll).Refrigeration: A History[M].Paris:McFarland & Company, 2015.

[31] Gardiner (Alan).Egyptian Grammar: Being an Introduction to the Study of Hieroglyphs[M].Paris:Oxford University Press, 1950.

[32] Gernet (Jacques).A History of Chinese Civilization[M].Paris:Cambridge University Press, 1996.

[33] Gernet (Jacques).Daily Life in China on the Eve of the Mongol Invasion[M]. Paris:Stanford University Press, 1962.

[34] Gimpel (Jean).La Révolution industrielle du Moyen ?ge[M].Paris:Seuil, 2002.

[35] Glants (Musya).Toomre (Joyce).Food in Russian History and Culture[M].Paris:Indiana University Press, 1997.

[36] Guillaume (Jean).Ils ont domestiqué plantes et animaux. Prélude à la civilisation[M]. Paris:?ditions Quae, 2010.

[37] Hair (Victor).Hoh (Erling).The True Story of Tea[M].Paris:Thames & Hudson, 2009.

[38] Hall (John Whitney).McClain (James).The Cambridge History of Japan.[M]. Paris:Cambridge University Press, 1991.

[39] Harari (Yuval Noah).Sapiens. Une brève histoire de l'humanité[M].Paris:Albin Michel, 2015.

[40] Hatchett (Louis).Duncan Hines: How a Traveling Salesman Became the Most Trusted Name in Food[M].Paris:University Press of Kentucky, 2001.

[41] Hosotte (Paul).L'Empire aztèque. Impérialisme militaire et terrorisme d'?tat[M]. Paris:Economica, 2001.

[42] Hurbon (La?nnec).L'Insurrection des esclaves de Saint-Domingue (2223 ao?t 1791) [M].Paris:Karthala, 2013.

[43] James (Kenneth).Escoffier: The King of Chefs[M].Paris:Hambledon and London, 2002.

[44] Jolyclerc (Nicolas).Phytologie universelle.ou histoire naturelle et méthodique des plantes.de leurs propriétés.de leurs vertus et de leur culture.vol. 1[M].Paris:Gueffier Jeune, 1799.

[45] Klinenberg (Eric).Palaces for the People: How to Build a More Equal and United Society[M].Paris:Crown, 2018.

[46] Kroc (Ray).Grinding it Out: The Making of McDonald's[M].Paris:St Martin's Paperbacks, 1992.

[47] Le Bras (Hervé).Les Limites de la planète[M].Paris:Flammarion, 1994.

[48] Levenstein (Harvey).Paradox of Plenty: A Social History of Eating in Modern America[M].Paris:University of California Press, 2003.

[49] Lukaschek (Karoline).The History of Cannibalism[M].Paris:Thèse.Université de Cambridge, 2001.

[50] Macioca (Giovanni).Les Principes fondamentaux de la médecine chinoise[M]. Paris:Elsevier Masson, 2018.

[51] Mancuso (Stefano).The Revolutionary Genius of Plants: A New Understanding of Plant Intelligence and Behaviour[M].Paris:Atria Books, 2017.

[52] Mancuso (Stefano).Viola (Alessandra).Temperini (Renaud).L'Intelligence des plantes[M].Paris:Albin Michel, 2018.

[53] National Research Council.Lost Crops of the Incas: Little-Known Plants of the Andes with Promise of World Wide Cultivation[M].Paris:National Academy Press, 1989.

[54] Ozersky (Josh).Colonel Sanders and the American Dream[M].Paris:University of Texas Press, 2012.

[55] Passelecq (André) (dir.).Anorexie et boulimie. Une clinique de l'extrême[M].Paris:De Boeck, 2006.

[56] Pendergrast (Mark).For God.Country and Coca-Cola: The Definitive Story of the Great American Drink and the Company That Makes It[M].Paris:Basic Books, 2013.

[57] Piouffre (Gérard).Les Grandes Inventions[M].Paris:First-Gründ, 2013.

[58] Platon.Le Banquet.traduction inédite.introduction et notes par Luc Brisson[M]. Paris:Flammarion, 2007.

[59] Quenet (Philippe).Les ?changes du nord de la Mésopotamie avecses voisins proche-orientaux au IIIe millénaire (ca 3100-2300 av. J.-C.).Brepols.coll[M].Paris: Subartu.XXII , 2008.

[60] Rastogi (Sanjeev).Ayurvedic Science of Food and Nutrition[M].Paris:Springer Science & Business Media, 2014.

[61] R?mer (Paul).Les 100 mots de la Bible.PUF.coll[M].Paris: Que sais-je , 2016.

[62] Roth (Robert).Histoire de l'archerie. Arc et arbalète[M].Paris:Les ?ditions de Paris, 2004.

[63] Saldmann (Frédéric).Vital ![M].Paris:Albin Michel, 2019.

[64] Scholz (Natalie).Schr?er (Christina) (dir.).Représentation et pouvoir. La politique symbolique en France (1789—1830)[M].Paris:Presses universitaires de Rennes, 2007.

[65] Segondy.La Bible[M].Paris:Société biblique de Genève, 2007.

[66] Sen (Colleen).Food Culture in India[M].Paris:Greenwood Publishing Group, 2004.

[67] Skrabec (Quentin).The 100 Most Significant Events in American Business: An Encyclopedia[M].Paris:ABC-CLIO, 2012.

[68] Smith (Andrew).Savoring Gotham: A Food Lover's Companion to New York City[M]. Paris:Oxford University Press, 2015.

[69] Snodgrass (Mary).Encycopedia of Kitchen History[M].Paris:Fitzroy Dearborn, 2004.

[70] Stambaugh (John).The Ancient Roman City[M].Paris:John Hopkins University Press, 1988.

[71] Stoddard (T.).The French Revolution in San Domingo[M].Paris:Houghton Mifflin Company, 1914.

[72] Thibault (Catherine).Orthophonie et oralité. La sphère pro-faciale de l'enfant[M]. Paris:Elsevier-Masson, 2007.

[73] Toussaint-Samat (Maguelonne).Histoire naturelle et morale de la nourriture[M]. Paris:Le Pérégrinateur, 2013.

[74] Walton (John).Fish and Chips.and the British Working Class.1870—1940[M]. Paris:Leicester University Press, 1992.

[75] Wilson (Brian C.).Dr. John Harvey Kellogg and the Religion of Biologic Living[M]. Paris:Indiana University Press, 2014.

[76] Yang (Jisheng).Stèles. La Grande Famine en Chine (1958—1961)[M].Paris:Le Seuil, 2008.

[77] Yogi (Svatmarama).Hatha-Yoga-Prad?pika[M].Paris:Fayard, 1974.

Articles

[78] Cattelain (Pierre). Apparition et évolution de l'arc et des pointes de flèche dans la Préhistoire européenne (Paléo-. Méso-.Néolithique) . in P. Bellintani et F. Cavulli (dir.). Catene operative dell'arco preistorico. Incontro di Archeologia Sperimentale. Giunta della Provincia Autonoma di Trento. [Z], 2006.

[79] Badel (Christophe). Alimentation et société dans la Rome classique. Bilan historiographique (IIe siècle av. J.-C.-IIe siècle apr. J.-C.) . Dialogues d'histoire ancienne. Supplément n° 7. [Z], 2012.

[80] Carré (Guillaume). Une crise de subsistance dans une ville seigneuriale japonaise au XI xe siècle. Bulletin de l'École françaised'Extrême-Orient. tome 84. [Z], 1997.

[81] Cécile (Michel). L'alimentation au Proche-Orient ancien. Les sources et leur exploitation. Dialogues d'histoire ancienne. Supplément n° 7. [Z], 2012.

[82] Fumey (Gilles). Penser la géographie de l'alimentation (Thinking food geography) . Bulletin de l'Association de géographes français. 84e année. t. 1. [Z], 2007.

[83] Georgoudi (Stella). Le sacrifice humain dans tous ses états. Kernos. no 28. [Z], 2015.

[84] Graulich (Michel). Les victimes du sacrifice humain aztèque. Civilisations. n° 50. [Z], 2002.

[85] Marín (Manuela). Cuisine d'Orient. cuisine d'Occident. Médiévales. no 33. Cultures et nourritures de l'occident musulman. [Z], 1997.

[86] Métailié (Georges). Cuisine et santé dans la tradition chinoise. Communications. n° 31. [Z], 1979.

[87] Nicoud (Marilyn). L'alimentation. un risque pour la santé ? Discours médical et pratiques alimentaires au Moyen Âge. Médiévales. vol. 69. n° 2. [Z], 2015.

[88] Plouvier (Liliane). L'alimentation carnée au Haut Moyen Âged'après le De observatione ciborum d'Anthime et les Excerpta de Vinidarius. Revue belge de philologie et d'histoire. tome 80. fasc. 4. [Z], 2002.

[89] Vitaux (Jean). Chapitre III – La table et la politique. in J. Vitaux (dir.). Les Petits Plats de l'histoire. PUF. [Z], 2012.

[90] Bahuchet (Serge). Chasse et pêche au paléolithique supérieur. Sciences et nature. n° 104. [Z], 1971.

[91] Kupzow (A.-J). Histoire du maïs. Journal d'agriculture traditionnelle et de botanique appliquée. vol. 14. n° 12. décembre [Z], 1967.

[92] Néfédova (Tatiana). Eckert (Denis). L'agriculture russe après 10 ans de réformes : transformations et diversité. L'Espace géographique. t. 32. avril [Z], 2003.

[93] Sanchez-Bayo (Francisco). Worldwide Decline of the Entomofauna: A Review of its Drivers. Biological Conservation. n° 232. [Z], 2019.

[94] Ahmed (Serge). Tous dépendants au sucre. Les Dossiers de la recherche. n° 6. [Z], 2013.

[95] Rippe (James). Angelopoulos (Theodore). Sucrose. High-Fructose Corn Syrup. and Fructose. Their Metabolism and Potential Health Effects: What Do We Really Know?. Advances in Nutrition. vol. 4. n° 2. [Z], 2013.

[96] Tours (Bernie de). Ketchup. Défense de la langue française. n° 187. [Z], 1998.

[97] Brançon (Denis). Viel (Claude). Le sucre de betterave et l'essorde son industrie. Revue

d'histoire de la pharmacie. n° 322. [Z], 1999.

[98] Meyer (Rachel) et al.. Phylogeographic Relationships Among Asian Eggplants and New Perspectives on Eggplant Domestication. Molecular Phylogenetics and Evolution. vol. 63. n° 3. [Z], 2012.

[99] Régis (Roger). Les banquets fraternels. Hommes et mondes. vol. 12. n° 46. [Z], 1950.

[100] Jéquier (E.). Constant (F.). Water as an Essential Nutrient: The Physiological Basis of Hydratation. European Journal of Clinical Nutrition. n° 64. [Z], 2010.

[101] Aiello (Leslie). Wheeler (Peter). The Expensive-Tissue Hypothesis. The Brain and the Digestive System in Human and Private Evolution . Current Anthropology. vol. 36. n° 2. [Z], 1995.

[102] Moulet (Benjamin). À table ! Autour de quelques repas duquotidien dans le monde byzantin. Revue belge de philologie etd'histoire. vol. 90. n° 4. [Z], 2012.

[103] Helfand (William). Mariani et le vin de Coca. Revue d'histoire de la pharmacie. n° 247, [Z], 1980.

[104] Bonnain-Moerdijk (Rolande). L'alimentation paysanne en France entre 1850 et 1936. Études rurales. n° 58. [Z], 1975.

[105] Roth (Dennis). America's Fascination With Nutrition . Food Review. vol. 3. n° 1, [Z], 2000.

[106] Despommier (Dickson). The Rise of Vertical Farms . Scientific American. n° 301. [Z], 2009.

[107] Leclant (Jean). Le café et les cafés à Paris (1644—1693) . Annales. n° 6. [Z], 1951.

[108] GBD 2015 Disease and Injury Incidence and Prevalence Collaborators. Global. Regional. and National Incidence. Prevalence. and Years Lived With Disability For 310 Diseases and Injuries. 1990—2015: A Systematic Analysis For the Global Burden of Disease Study 2015. Lancet. vol. 388. [Z], 2016.

[109] Hoek (Hans). Review of the Worldwide Epidemiology of Eating Disorders. Current Opinion in Psychiatry. [Z], 2016.

[110] Smink (Frédérique) et al.. Epidemiology of Eating Disorders: Incidence. Prevalence and Mortality Rates. Current Psychiatry Reports. vol. 14. [Z], 2012.

[111] Wendel (Monica) et al.. Stand-Biased Versus Seated Classrooms and Childhood Obesity: A Randomized Experiment in Texas. American Journal of Public Health. vol. 106.

[Z], 2016.

[112] Dornhecker (Marianela) et al. The Effect of Stand-Biased Desks on Academic Engagement: An Exploratory Study. International Journal of Health Promotion and Education. vol. 53. n° 5. [Z], 2015.

[113] Mehta (R.) et al.. Standing up for Learning: A Pilot Investigation on the Neurocognitive Benefits of Stand-Biased School Desks. International Journal of Environmental Research and Public Health. vol. 13. [Z], 2016.

[114] Ganzle (Michael). Sourdough Bread. in Carl A. Batt (dir.). Encyclopedia of Food Microbiology. Academic Press. [Z], 2014.

[115] Grijzenhout (Frans). La fête révolutionnaire aux Pays-Bas (1780-1806). De l'utopie à l'indifférence. Annales historiques de la Révolution française. n° 326. [Z], 2001.

[116] Mac Con Iomaire (Máirtín). Óg Gallagher (Pádraic). Irish Corned Beef: A Culinary History . Journal of Culinary Science and History. vol. 9. [Z], 2011.

[117] Hargrove (James). History of the Calorie in Nutrition. The Journal of Nutrition. vol. 136. n° 12. [Z], 2006.

[118] Currie (Janet) et al.. The Effect of Fast Food Restaurants on Obesity and Weight Gain. The National Bureau of Economic Research Working Paper. n° 14721. [Z], 2009.

[119] Evans (C. E. L.). Harper (C. E.). « A History of School Meals in the UK ». Journal of Human Nutrition and Dietetics. vol. 22. [Z], 2009.

[120] Lee (Hyejin). Teff. a Rising Global Crop: Current Status of Teff Production and Value Chain. The Open Agriculture Journal. vol. 12. [Z], 2018.

[121] Breastfeeding: Achieving the New Normal. The Lancet. vol.387. 404. [Z], 2016.

[122] Courtois (Brigitte). Une brève histoire du riz et de son amélioration génétique. Cirad. [Z], 2007.

[123] Hauzeur (A.). Jadin (I.). Jungels (C.). La fin du Rubané (Lbk). Comment meurent les cultures ? . Collections du patrimoine culturel. [Z], 2011.

[124] Ofer Bar (Yosef). Le cadre archéologique de la révolution du paléolithique supérieur. Diogène. vol. 204. [Z], 2006.

[125] Gellert (Johannes F.). Études récentes de morphologie glaciaire dans la plaine de l'Allemagne du Nord entre Elbe et Oder. Annales de géographie. t. 72. n° 392. [Z], 1963.

[126] Stansell (Nathan D.). Abbott (Mark B.). Polissar (Pratigya J.). Wolfe (Alexander

P.). Bezada (Maximiliano M.). Rull (Valenti). « Late Quaternary Deglacial History of the Mérida Andes. Venezuela ». J. Quaternary Sci.. vol. 20. [Z], 2005.

[127] Burkart (J.). Guerreiro Martins (E.). Miss (F.). Zürcher (Y.). From Sharing Food to Sharing Information: Cooperative Breeding and Language Evolution. Interaction Studies: Social Behaviour and Communication in Biological and Artificial Systems. vol. 19 (1/2). [Z], 2018.

[128] Barkan (Ilyse D.). Industry Invites Regulation: The Passage of the Pure Food and Drug Act of 1906 . American Journal of Public Health. vol. 75. n° 1. [Z], 1985.

[129] Peaucelle (Jean-Louis). Du dépeçage à l'assemblage. L'invention du travail à la chaîne à Chicago et à Detroit . Gérer etcomprendre. vol. 73. [Z], 2003.

[130] Poullennec (Gwendal). Le guide Michelin : une référence mondiale de la gastronomie locale. Journal de l'école de Paris dumanagement. vol. 89. n° 3. [Z], 2011.

[131] Aussudre (Matthieu). La Nouvelle Cuisine française. Ruptureet avènement d'une nouvelle ère culinaire. mémoire dirigé par Marcde Ferrière Le Vayer. Tours. IEHCA. [Z], 2016.

[132] Vieux (Florent) et al.. Nutritional Quality of School Meals in France : Impact of Guidelines and the Role of Protein Dishes. Nutrients. vol. 10. n° 205. [Z], 2015.

[133] Essemyr (Mats). Pratiques alimentaires : le temps et sa distribution. Une perspective d'histoire économique. in Maurice Aymard et al.. Le Temps de manger. Alimentation. emploi du tempset rythmes sociaux. Éditions de la Maison des sciences de l'homme.[Z], 1993.

[134] Cordell (Dana). The Story of Phosphorus: Sustainability Implications of Global Phosphorus Scarcity for Food Security . Thèse. Linköping University Electronic Press. [Z], 2010.

[135] Janin (Pierre). Les "émeutes de la faim". Une lecture (géo-politique) du changement (social) . Politique étrangère. volume de l'été. n° 2. [Z], 2009.

[136] Boisset (Michel). Les "métaux lourds" dans l'alimentation : quels risques pour les consommateurs ? Médecine des maladies métaboliques. vol. 11. n° 4. juin [Z], 2017.

[137] Paddeu (Flaminia). L'agriculture urbaine à Détroit : un enjeude production alimentaire en temps de crise ? . Pour. vol. 224. n° 4. [Z], 2014.

[138] Schirmann (Sylvain). Les Europes en crises. in Sylvain Schirmann. Crise. coopération économique et financière entre États européens. 1929—1933. Comité pour l'histoire

économique et financièrede la France. [Z], 2000.

[139] Thurner (Paul) et al.. Agricultural Structure and the Rise of the Nazi Party Reconsidered. Political Geography. vol. 44. [Z], 2015.

[140] Fernández (Eva). Why Was Protection to Agriculture so High During the Interwar Years? The Costs of Grain Policies in Four European Countries. [Z], 2009.

[141] Finnsdóttir (Fífa). Man Must Conquer Earth: Three Stages of CCP Policies Resulting in Environmental Degradation in China and Characteristics of Contemporary Environmental Politics . [Z], 2009.

[142] Martin (Marie Alexandrine). La politique alimentairedes Khmers rouges. Études rurales. n°s 99~100. [Z], 1985.

[143] Duchemin (Jacqueline). Le mythe de Prométhée à travers lesâges. Bulletin de l'Association Guillaume-Budé. n° 3. octobre [Z], 1952.

[144] Cruveillé (Solange). La consommation de chair humaine en Chine. Impressions d'Extrême-Orient. n° 5. [Z], 2015.

[145] DeWall (C. Nathan). Deckman (Thimothy). Gailliot (Mathew T.). Bushman (Brad J.). Sweetened Blood Cools Hot Tempers: Physiological Self-Control and Aggression. Aggress Behav. vol. 37. n° 1. janvier-février [Z], 2011.

[146] Hallmann (Caspar A.). Sorg (Martin). Jongejans (Eelke). Siepel (Henk). Hofland (Nick). Schwan (Heinz). Stenmans (Werner). Müller (Andreas). Sumser (Hubert). Hörren (Thomas). Goulson (Dave). Kroon (Hans de). More Than 75 Percent Decline Over 27 Years in Total Flying Insect Biomass in Protected Areas. PLoS ONE. vol. 12. n° 10. octobre [Z], 2017.

[147] Montanari (Massimo). Valeurs. symboles. messages alimentaires durant le Haut Moyen Âge. Médiévales. n° 5. [Z], 1983.

[148] Graulich (Michel). Les mises à mort doubles dans les rites sacrificiels des anciens Mexicains. Journal de la Société des américanistes. t. 68. [Z], 1982.

[149] Daubigny (Alain). Reconnaissance des formes de la dépendance gauloise. Dialogues d'histoire ancienne. vol. 5. [Z], 1979.

[150] Abad (Reynal), Aux origines du suicide de Vatel : les difficultés de l'approvisionnement en marée au temps de Louis XIV Dix-septième siècle. vol. 4. n° 217. [Z], 2002.

[151] Duruy (Victor). Circulaire sur la fourniture d'aliments chauds aux enfants des salles

d'asile. Bulletin administratif de l'Instruction publique. t. 11. n° 212. [Z], 1869.

[152] Fiolet (Thibault) et al.. Consumption of uUltra-Processed Food and Cancer Risk. British Medical Journal. février [Z], 2018.

[153] Van Cauteren (D.) et al.. Estimation de la morbidité et de la mortalité aux infections d'origine alimentaire en France métropolitaine, 2008—2013. Santé publique et épidémiologie. Université Paris-Saclay. [Z], 2016.

[154] Sidani (Jaime E) et al. The Association Between Social Media Use and Eating Concerns Among US Young Adults. Journal of the Academy of Nutrition and Dietetics. vol. 116. n° 9 [Z], 2016.

[155] Saeidifard (F.). Medina-Inojosa (J. R.). Supervia (M.). Olson (T. P.). Somers (V. K.). Erwin (P. J.). Lopez-Jimenez (F.). Differences of Energy Expenditure While Sitting Versus Standing: A Systematic Review and Meta-Analysis. European Journal of Preventive Cardiology. vol. 25. no 5. [Z], 2018.

Rapports

[156] Commission européenne. Global Food Security 2030 – Assessing trends with a view to guiding future EU policies. [J], 2015.

[157] FAO. L'état de la sécurité alimentaire et de la nutrition dansle monde. 2018. Renforcer la résilience face aux changements climatiques pour la sécurité alimentaire et la nutrition. Rome. [J], 2018.

[158] FAO. Perspectives de l'alimentation. Les marchés en bref . [J], 2017.

[159] Insee. Des ménages toujours plus nombreux. toujours pluspetits. [J], 2017.

[160] Insee. Cinquante ans de consommation alimentaire : une croissance modérée. mais de profonds changements. [J], 2015.

[161] Commission EAT – Lancet. Alimentation Planète Santé – Unealimentation saine issue de production durable. [J], 2019.

[162] Centre d'études et de prospective. Nanotechnologies et nanomatériaux en alimentation : atouts. risques. perspectives. [J], 2018.

[163] Centre d'études et de prospective. MOND'Alim 2030. « Les conduites alimentaires comme reflets de la mondialisation : tendancesd'ici 2030 ». [J], 2017.

[164] WHO. Water Requirements. Impinging Factors and Recommended Intakes. [J], 2004.

[165] European Federation of Bottled Waters. Guidelines for Adequate Water Intake: A Public Health Rationale. [J], 2013.

[166] Bühler Insect Technology Solutions. Insects to Feed the World. [J], 2018.

[167] Market Research Report. Halal Food and Beverage Market Size Report by Product (Meat & Alternatives. Milk & Milk Products. Fruits & Vegetables. Grain Products). by Region. and Segment Forecasts. [J], 2018—2025, 2018.

[168] Persistence Market Research. Global Market Study on Kosher Food: Pareve Segment by Raw Material Type to Account for Maximum Value Share During [J], 2017—2025, 2017.

[169] EFSA. Risk Profile Related to Production and Consumption of Insects as Food and Feed . [J], 2015.

[170] PR Newswire. Food and Beverages Global Market Report 2018. [J], 2018.

[171] Anses. Avis de l'Agence nationale de sécurité sanitaire de l'alimentation. de l'environnement et du travail relatif à "la valorisationdes insectes dans l'alimentation et l'état des lieux des connaissances scientifiques sur les risques sanitaires en lien avec la consommationdes insectes" . [J], 2015.

[172] FAO. Insectes comestibles : Perspectives pour la sécurité alimentaireet l'alimentation animale. [J], 2014.

[173] OMS. Recommandations mondiales sur l'activité physique pour la santé. [J], 2010.

[174] International Service for the Acquisition of Agri-biotech Applications. Situation mondiale des plantes GM Commercialisées : 2016. [J], 2016

[175] FAO. Situation mondiale des pêches et de l'aquaculture. [J], 2004.

[176] FAO. International Year of the Potato 2008: New Light on a Hidden Treasure. End-of-year Review. [J], 2008.

[177] UFC-Que Choisir. Étude sur l'équilibre nutritionnel dans les restaurants scolaires de [606] communes et établissements scolaires de France. [J], 2013.

[178] Lloyd's. Realistic Disaster Scenarios. Scenario Specification. [J], 2015.

[179] Agreste Primeur. Enquête sur la structure des exploitations agricoles. [J], 2018.

[180] War on Want. The Baby Killer. [J], 1974.

[181] Grand View Research. Functional Foods Market Analysis by Product (Carotenoids. Dietary Fibers. Fatty Acids. Minerals. Prebiotics & Probiotics. Vitamins). by Application. by End-Use (Sports Nutrition. Weight Management. Immunity. Digestive Health) and

Segment Forecasts. 2018 to 2024. novembre [J], 2016.

[182] FAO. Tackling Climate Change Through Livestock. a Global Assessment of Emissions and Mitigation Opportunities. [J], 2013.

[183] FAO. Livestock's Long Shadow Environmental Issues and Options. [J], 2006.

[184] FAO. Renforcer la cohérence entre l'agriculture et la protection sociale pour lutter contre la pauvreté et la famille en Afrique. [J], 2016.

[185] World Wild Fund. Rapport Planète vivante 2018 : Soyons ambitieux. [J], 2018.

[186] Muller (Adrian). Schader (Christian). El-Hage Scialabba (Nadia). Brüggemann (Judith). Isensee (Anne). Erb (Karl-Heinz). Smith (Pete). Klocke (Peter). Leiber (Florian). Stolze (Matthias). Niggli (Urs). Strategies for Feeding the World More Sustainably with Organic Agriculture. [J], 2017.

[187] Global Nutrition Report. Nourishing the SDGs. [J], 2017.

Sites Internet

[188] Le 1er repas 100 % note à note en France par Julien Binz. [EB/OL]. https://restaurantjulienbinz.com/1er-repas-100-note-a-note-francejulien-binz/.

[189] Instagram : quand le réseau social s'invite dans nos assiettes. [EB/OL]. https://marketingdigitalsdp3.wordpress.com/2017/09/24/instagram-quand-le-reseau-social-sinvite-dans-nos-assiettes/.

[190] 17 objectifs pour transformer notre monde. [EB/OL]. https://www.un.org/sustainabledevelopment/fr/.

[191] L'OMS préconise l'application de mesures au niveau mondial pour réduire la consommation de boissons sucrées. [EB/OL]. https://www.who.int/fr/news-room/detail/11-10-2016-who-urges-global-action-tocurtail-consumption-and-health-impacts-of-sugary-drinks.

[192] Anses : les protéines. [EB/OL]. https://www.anses.fr/fr/content/lesprotéines.

[193] Anses : les minéraux. [EB/OL]. https://www.anses.fr/fr/content/lesminéraux.

[194] Doper ses hormones du bonheur : la sérotonine. [EB/OL]. https://lecanapecestlavie.fr/aliments-booster-niveau-de-serotonine/.

[195] De la vitamine A pour protéger le cerveau âgé : http://www.inra.fr/Grand-public/Alimentation-et-sante/Tous-les-dossiers/Cerveau-et-nutrition/Vitamine-A-pour-proteger-le-cerveau-age/(key)/4.

[196] Children's healthy diets lead to healthier IQ, [EB/OL], https://www.adelaide.edu.au/news/print55161.html.

[197] How sound affects our sense of taste[EB/OL]. https://www.troldtekt.com/News/Themes/Restaurants/Sound_and_taste.

[198] La révolution néolithique. [EB/OL]. https://www.scienceshumaines.com/la-revolution-neolithique_fr_27231.html.

[199] Demain. des insectes et des microalgues dans nos assiettes?. [EB/OL]. https://www.sciencesetavenir.fr/nutrition/demain-des-insecteset-des-microalgues-dans-nos-assiettes_116483.

[200] Un robot-cuisinier étoilé. [EB/OL]. https://www.ladn.eu/nouveauxusages/maison-2050/robotique-robot-cuisinie-reproduit-100-recettes-etoilees/.

[201] La grande famine en Irlande au xixe siècle. une catastrophe meurtrière. [EB/OL]. https://ici. radio-canada. ca/premiere/emissions/aujourdhui-l-histoire/segments/entrevue/55133/grande-famine-irlande-19e-siecle-grande-bretagne-laurent-colantonio.

[202] Great Famine: FAMINE, IRELAND [1845—1849]. [EB/OL]. https://www.britannica.com/event/Great-Famine-Irish-history.

[203] The Irish Famine : http://www.bbc.co.uk/history/british/victorians/famine_01.shtml.

[204] Le monde à l'apogée égyptien. Égypte : la fin du nouvel empire. [EB/OL]. https://www.herodote.net/Le_monde_a_l_apogee_egyptien-synthese-2019.php.

[205] L'Égypte : Une civilisation multimillénaire. [EB/OL]. https://www.clio.fr/CHRONOLOGIE/chronologie_legypte.asp.

[206] Alimentation dans la Préhistoire. [EB/OL]. https://www.hominides.com/html/dossiers/alimentation-prehistoire-nutrition-prehistorique.php.

[207] Nos ancêtres étaient-ils cannibales ou végétariens ? [EB/OL]. https://www.sciencesetavenir.fr/archeo-paleo/les-dents-des-hommes-prehistoriques-revelent-l-alimentation-carnivore-ou-vegetarienne-de-nos-ancetres_119384.

[208] Orthorexie : la peur au ventre. [EB/OL]. https://www.sciencepresse.qc.ca/blogue/2015/03/07/orthorexie-peur-ventre.

[209] Orthorexie : quand l'envie de manger sainement devient unemaladie. [EB/OL]. https://www.nouvelobs.com/rue89/sur-le-radar/20170517.OBS9533/orthorexie-quand-l-envie-de-manger-sainement-devientune-maladie.html.

[210] Le propulseur à la préhistoire. [EB/OL]. https://www.hominides.com/html/dossiers/

propulseur.php.

[211] Les premières armes à la Préhistoire. [EB/OL]. https://www.hominides.com/html/references/les-premieres-armes-de-l-homme-0782.php/.

[212] Homo ergaster. [EB/OL]. https://www.hominides.com/html/ancetres/ancetres-homo-ergaster.php.

[213] Actualité du poivre dans lc monde et en Côte d'Ivoire : http://ekladata.com/ZGXOTq1FHF0Clp-j04K13CKvqRQ/Poivre2.pdf.

[214] Une histoire riche et mouvementée : http://www.cniptpommesdeterre.com/histoire/.

[215] Histoire(s) de haricots. [EB/OL]. https://www.graines-baumaux.fr/media/wysiwyg/HISTOIRE-DHARICOTS.pdf.

[216] Le haricot au fil de l'histoire. [EB/OL]. https://www.semencemag.fr/histoire-aricot-diversite.html/.

[217] L'homme n'a pas créé le maïs tout seul : http://archeo.blog.lemonde.fr/2014/02/13/lhomme-na-pas-cree-le-mais-tout-seul/.

[218] Le maïs : son origine et ses caractéristiques. [EB/OL]. https://www.gnis-pedagogie.org/mais-origine-et-caracteristiques.html.

[219] L'histoire du maïs. [EB/OL]. https://www.semencemag.fr/histoiremais.html.

[220] Quand le chocolat a-t-il été découvert ? [EB/OL]. https://www.castelanne.com/blog/decouverte-chocolat/.

[221] Taco Bell: About us. [EB/OL]. https://www.tacobell.com/about-us.

[222] The story of how McDonald's first got its start. [EB/OL]. https://www.smithsonianmag.com/history/story-how-mcdonalds-firstgot-its-start-180960931/.

[223] The McDonald's Story. [EB/OL]. https://corporate. mcdonalds.com/corpmcd/about-us/history.html.

[224] Obesity and overweight : http://www.who.int/news-room/fact-sheets/detail/obesity-and-overweight.

[225] L'augmentation de la consommation de fructose responsabledu syndrome métabolique ?. [EB/OL]. https://medicalforum. ch/fr/article/doi/fms.2006.05793/.

[226] Le fructose. un additif problématique ?. [EB/OL]. https://lejournal.cnrs.fr/billets/le-fructose-un-additif-problematique.

[227] How the sugar industry shifted blame to fat. [EB/OL]. https://www.nytimes.

com/2016/09/13/well/eat/how-the-sugar-industry-shiftedblame-to-fat.html.

[228] Sielaff: History : http://www.sielaff.com/en/company/about-us/history/.

[229] Restaurer : http://www.cnrtl.fr/etymologie/restaurerrestaurer.

[230] Stauro. as. are : http://www.dicolatin.com/XY/LAK/0/STAURER/index.html.

[231] Grand Marnier : les Marnier Lapostolle. à l'origine d'un succès planétaire. [EB/OL]. https://www.capital.fr/entreprises-marches/grand-marnier-les-marnier-lapostolle-a-l-origine-d-un-succes-planetaire-1109386.

[232] Cooking with Lightning: Helen Louise Johnson's Electric Oven Revolution. [EB/OL]. http://www.thefeastpodcast.org/26cookingwith-wires/.

[233] A brief history of the microwave oven. [EB/OL]. https://spectrum. ieee.org/tech-history/space-age/a-brief-history-of-the-microwave-oven.

[234] The microwave oven was invented by accident. [EB/OL]. http://www. todayifoundout.com/index.php/2011/08/the-microwave-oven-was-invented-by-accident-by-a-man-who-was-orphaned-and-never-finishedgrammar-school/.

[235] L'invention de la pasteurisation. [EB/OL]. https://www.histoire-pourtous. fr/inventions/2620-la-pasteurisation.html.

[236] Kraft Heinz: A global powerhouse. [EB/OL]. http://www.kraftheinzcompany. com/company.html.

[237] How was ketchup invented?. [EB/OL]. https://www.nationalgeographic. com/people-and-culture/food/the-plate/2014/04/21/how-wasketchup-invented.

[238] The Secret Ingredient in Kellogg's Corn Flakes Is Seventh-Day Adventism. [EB/OL]. https://www.smithsonianmag.com/history/secret-ingredient-kelloggs-corn-flakes-seventh-day-adventism-180964247/.

[239] La bataille du sucre. [EB/OL]. https://www.napoleon.org/histoiredes-2-empires/articles/la-bataille-du-sucre/.

[240] History of Lemonade. [EB/OL]. https://web. archive.org/web/20151227070125/http://www.frontiercoop.com/learn/features/cooldrinks_lemonade.php.

[241] Joseph Priestley:http://www.societechimiquedefrance.fr/joseph-priestley-1733-1804.html.

[242] A brief history of lemonade. [EB/OL]. https://www.wsj.com/ articles/a-brief-history-of-lemonade-1502383362.

[243] History of lemonade. [EB/OL]. http://www.cliffordawright.com/caw/food/entries/display.php/id/95/.

[244] The unlikely origin of fish and chips. [EB/OL]. http://news.bbc.co.uk/2/hi/8419026.stm

[245] A brief history of chocolate. [EB/OL]. https://www.smithsonianmag.com/arts-culture/a-brief-history-of-chocolate-21860917/?no-ist.

[246] L'extractum carnis de Justus von Liebig. [EB/OL]. https://www.fondation-lamap.org/sites/default/files/upload/media/minisites/projet_europe/PDF/liebHistfr.pdf.

[247] Définition d'un tranchoir. [EB/OL]. https://www.meubliz.com/definition/tranchoir/.

[248] La période préislamique en Arabie. [EB/OL]. http://www.ledernierprophete. info/la-periode-preislamique-en-arabie-1.

[249] Mouvements à l'occasion des sucres. [EB/OL]. http://lionel.mesnard. free.fr/Paris-revolution-1792-2.html.

[250] 22 août 1791 : Révolte des esclaves à Saint-Domingue. [EB/OL]. https://www.herodote.net/22_aout_1791-evenement-17910822.php..

[251] Les banquets civiques : http://www.cosmovisions.com/$BanquetCivique. htm.

[252] 1900 predictions of the 1900 century. [EB/OL]. https://abcnews. go.com/US/story ? id = 89969.

[253] Predictions of the year 2000. [EB/OL]. http://yorktownhistory.org/wp-content/archives/homepages/1900_predictions.htm.

[254] The UK's Hot New 5:2 Diet Craze Hits The U.S.. [EB/OL]. https://www.forbes.com/sites/melaniehaiken/2013/05/17/hot-newfasting-diet-from-europe-hits-the-u-s/#1c1d4b137327.

[255] Can the science of autophagy boost your health? . [EB/OL]. https://www.bbc.com/news/health-44005092.

[256] L'eau. nouveau champ de bataille des géants du soda. [EB/OL]. https://lexpansion.lexpress.fr/actualite-economique/l-eau-nouveauchamp-de-bataille-des-geants-du-soda_2031988.html.

[257] A curious cuisine: Bengali culinary culture in Pre-modernTimes. [EB/OL]. https://www.sahapedia.org/curious-cuisine-bengali-culinary-culture-pre-modern-times.

[258] Food habits in India in last 19th century : http://www.gandhitopia.org/profiles/blogs/food-habits-in-india-in-last-19th-centuary-2.

[259] Vegetable and meals of Daimyo Living in Edo. [EB/OL]. https://www.kikkoman.co.jp/kiifc/foodculture/pdf_18/e_002_008.pdf.

[260] The meat-eating culture of Japan at the beginning of westernalization. [EB/OL]. https://www.kikkoman.co.jp/kiifc/foodculture/pdf_09/e_002_008.pdf.

[261] A peek at the meals of the people of Edo. [EB/OL]. https://www.kikkoman.co.jp/kiifc/foodculture/pdf_12/e_002_006.pdf.

[262] Food in Qing dynasty China. [EB/OL]. https://quatr.us/china/foodqing-dynasty-china.htm.

[263] Alicament. [EB/OL]. https://www.novethic.fr/lexique/detail/alicament.html.

[264] Alicament. aliment miracle ? : http://www.psychologies.com/Bien-etre/Prevention/Hygiene-de-vie/Articles-et-Dossiers/Alicament-aliment-miracle/4.

[265] L'escroquerie des alicaments. [EB/OL]. https://www.lcpoint.fr/invites-du-point/laurent-chevallier/l-escroquerie-des-alicaments-04-06-2012-1469034_424.php.

[266] Fast Food nation. [EB/OL]. https://www.pbs.org/newshour/extra/2001/04/fast-food-nation/.

[267] In-flight catering. [EB/OL]. https://www.alimentarium.org/en/knowledge/flight-catering.

[268] A brief history of airline food. [EB/OL]. https://par-avion.co.za/a-brief-history-of-airline-food/.

[269] Le vin Mariani. la boisson qui inspira Coca-Cola. [EB/OL]. https://www.ouest-france.fr/leditiondusoir/data/895/reader/reader.html#!preferred/1/package/895/pub/896/page/9.

[270] Escoffier in pictures. [EB/OL]. https://www.bbc.co.uk/programmes/p0107wwq/p0107wsw.

[271] Petite histoire du carême. [EB/OL]. http://www.orthodoxa.org/FR/orthodoxie/traditions/histoireCareme.htm.

[272] Sens. origines et histoire du Carême. [EB/OL]. https://cybercure.fr/les-fetes-de-l-eglise/careme/jeune-abstinence/article/sens-origineet-histoire-du-careme/.

[273] Avant et après la Révolution : les changements gastronomiquesdes Français. [EB/OL]. https://www.canalacademie.com/ida6555-Avantet-apres-la-Revolution-les-changements-gastronomiques-des-Francais.html.

[274] Le repas gastronomique des Français. [EB/OL]. https://ich.unesco.org/fr/RL/le-repas-gastronomique-des-francais-00437.

[275] La petite histoire de la cafétéria d'entreprise. [EB/OL]. https://www.capital.fr/votre-carriere/la-petite-histoire-de-la-cafeteriadentreprise-1272063.

[276] La cantine d'entreprise veut faire oublier la cantoche. [EB/OL]. https://www.lemonde.fr/m-perso/article/2016/03/25/la-cantined-entreprise-veut-faire-oublier-la-cantoche_4890166_4497916.html.

[277] 09 février 1747 : Le second mariage du Dauphin de France :http://louis-xvi.over-blog.net/article-09-fevrier-1747-mariage-de-louisferdinand-dauphin-de-france-64334093.html.

[278] L'entrevue du camp du Drap d'or (1520). [EB/OL]. https://www.histoire-pour-tous.fr/dossiers/3681-lentrevue-du-camp-du-drapdor-1520.html.

[279] Les grands festins qui ont changé l'Histoire. [EB/OL]. https://www.vanityfair.fr/actualites/diaporama/ces-repas-qui-ont-change-l-histoire/39060#un-mariage-gargantuesque-lunion-dhenri-iv-et-de-mariede-medicis-le-17-decembre-1600-1.

[280] Percentage of US agricultural products exported. [EB/OL]. https://www.fas.usda.gov/data/percentage-us-agricultural-products-exported.

[281] Sothis. [EB/OL]. https://www.egyptologue.fr/art-et-mythologie/divinites/sothis.

[282] Talleyrand et Antoine Carême : la gastronomie au service dela diplomatie : http://www.leparisien.fr/politique/talleyrand-et-antonin-careme-la-gastronomie-au-service-de-la-diplomatie-23-09-2018-7899591.php.

[283] The Pure Food and Drug Act. [EB/OL]. https://history. house.gov/Historical-Highlights/1901-1950/Pure-Food-and-Drug-Act/.

[284] Règlement (UE) 2015/2283 du Parlement européen et du Conseil du 25 novembre 2015 relatif aux nouveaux aliments. [EB/OL]. https://eur-lex.europa.eu/legal-content/FR/TXT/?uri=CELEX%3A32015R2283.

[285] 2017 Top 100 Food & Beverage companies of China. [EB/OL]. https://fr.slideshare.net/FoodInnovation/2017-top-100-food-beveragecompanies-of-china-87734127.

[286] What are the most important staple foods in the world? . [EB/OL]. https://www.worldatlas.com/articles/most-important-staple-foods-inthe-world.html.

[287] The 10 most important crop in the world. [EB/OL]. https://www.businessinsider.com/10-crops-that-feed-the-world-2011-9?IR=T.

[288] Overall Context: Insects as Food or Feed : http://ipiff.org/general-information/.

[289] Sept insectes autorisés à partir du 1er juillet en aquaculture :http://pdm-seafoodmag.

com/lactualite/detail/items/sept-insectes-autorises-a-partir-du-1erjuillet-en-aquaculture.html.

[290] Cancérogénicité de la viande rouge et de la viande transformée[EB/OL], https://www.who.int/features/qa/cancer-red-meat/fr/.

[291] Un cas atypique de variant de la maladie de Creutzfeld-Jacob, [EB/OL], https://www.lemonde.fr/sante/article/2017/01/24/un-cas-atypique-devariant-de-la-maladie-de-creutzfeldt-jakob_5068519_1651302.html.

[292] Anorexie mentale. [EB/OL]. https://www.inserm.fr/informationen-sante/dossiers-information/anorexie-mentale.

[293] Grippe porcine. [EB/OL]. https://www.grain.org/article/entries/767-grippe-porcine-mise-a-jour.

[294] First Global Estimates of 2009 H1N1 Pandemic Mortality Released by CDC-Led Collaboration. [EB/OL]. https://www.cdc.gov/flu/spotlights/pandemic-global-estimates.htm.

[295] Directive 95/2/CE su Parlement européen et du Conseil du 20 février 1995 concernant les additifs alimentaires autres que lescolorants et les édulcorants. [EB/OL]. https://eur-lex.europa.eu/LexUriServ/LexUriServ.do?uri=CONSLEG:1995L0002:19970404:FR:PDF.

[296] Failure to lunch. [EB/OL]. https://www.nytimes.com/2016/02/28/magazine/failure-to-lunch.html.

[297] Eating occasions daypart: lunch. [EB/OL]. https://www.hartman-group.com/acumenPdfs/lunch-daypart-compass-series-2015-04-16.pdf.

[298] More than half of workers take 30 minutes or less for lunch. survey says : http://rh-us.mediaroom.com/2018-09-10-More-Than-Half-Of-Workers-Take-30-Minutes-Or-Less-For-Lunch-Survey-Says.

[299] Lunch breaks? Forget about it: 22 % of bosses believe lunch takers are lazy. survey finds. [EB/OL]. https://www.fierceceo.com/human-capital/short-sighted-bosses-disinclined-to-see-workers-takelunch-breaks-survey.

[300] Longer hours. differences in office culture and time zones trigger burnout among foreigners working in China : http://www.globaltimes.cn/content/975875.shtml.

[301] China Factory Workers Encouraged to Sleep on the Job. [EB/OL]. https://www.nbcnews.com/business/careers/china-factory-workersencouraged-sleep-job-n266186.

[302] China's tech work culture is so intense that people sleep and bathe in their offices[EB/

OL]. https://www.businessinsider.fr/us/chinese-tech-workers-sleep-in-office-2016-5.

[303] Herbalife's Nutrition At Work Survey Reveals Majority of Asia-Pacific's Workforce Lead Largely Sedentary Lifestyles. Putting Them at Risk of Obesity. [EB/OL]. https://ir.herbalife.com/static-files/83f7f4c4-fbc4-465b-ba04-9725a1a2dc4f.

[304] Le phosphore : une ressource limitée et un enjeu planétaire pour l'agriculture du xxie siècle : http://www.inra.fr/Chercheurs-etudiants/Systemes-agricoles/Toutes-les-actualites/Lephosphore-une-ressource-limitee-et-un-enjeu-planetaire-pour-l-agriculture-du-21eme-siecle.

[305] Pénurie de phosphore. une bombe à retardement? [EB/OL]. https://www.sciencepresse.qc.ca/blogue/valentine/2014/02/19/penurie-phosphore-bombe-retardement.

[306] Le secret de l'exceptionnelle longévité des habitants d'Okinawa enfin découvert?. [EB/OL]. https://www.maxisciences.com/longevite/le-secret-de-l-exceptionnelle-longevite-des-habitants-d-okinawa-enfin-decouvert_art31666.html.

[307] Principes du régime Okinawa : http://www.regime-okinawa.fr/regime-okinawa-nutrition.html.

[308] In China, Possibly the Earliest Attempt at Writing:http://www.historyofinformation.com/detail.php?entryid=1579.

[309] Écriture cunéiforme : http://classes.bnf.fr/dossiecr/spcune1.htm.

[310] Ancient Romans preferred fast food:http://www.abc.net.au/science/articles/2007/06/20/1956392.htm.

[311] Fish, Chips and Immigration[EB/OL]. https://telescoper. wordpress.com/tag/joseph-malin/.

[312] La naissance du vitalisme : http://www.histophilo.com/vitalisme.php.

[313] Improved electrical heating apparatus. [EB/OL]. https://patents. google. com/patent/US25532.

[314] Improved electric cooking stove : http://pericles.ipaustralia. gov.au/ols/auspat/pdfSource.do ; jsessionid=i58KgL-LQdEi0_fmiLVwewHRSNaMK8tjfalBaonPsLiTdChufpRm! 352194497.

[315] Nutrition : pourquoi a-t-on tant de mal à étiqueter la malbouffe?. [EB/OL]. https://www.lejdd.fr/Societe/Sante/nutrition-pourquoia-t-on-tant-de-mal-a-etiqueter-la-malbouffe-3664964.

[316] Le musée de la biscuiterie LU : http://www.chateaudegoulaine.fr/le-musee-lu.

[317] Les premières armes. Frédéric Beinet. [EB/OL]. https://www.hominides.com/html/references/les-premieres-armes-de-l-homme-0782.php.

[318] Le Paléolithique. [EB/OL]. https://www.inrap.fr/le-paleolithique-10196.

[319] Homo erectus. [EB/OL]. https://www.universalis.fr/encyclopedie/homo-erectus/.

[320] Le régime alimentaire de Néandertal : 80 % de viande. 20% de végétaux. [EB/OL]. https://www.hominides.com/html/actualites/alimentation-neandertal-carnivorc-et-vegetarien-1032.php.

[321] Néandertal. le cousin réhabilité. [EB/OL]. https://lejournal. cnrs.fr/articles/neandertal-le-cousin-rehabilite.

[322] À quoi ressemblaient vraiment les Néandertaliens et qu'avonsnous hérité d'eux?. [EB/OL]. https://www.eupedia.com/europe/neanderthal_faits_et_mythes.shtml.

[323] L'épaule-catapulte de l'homme. [EB/OL]. https://www.pourlascience.fr/sd/biophysique/lepaule-catapulte-de-lhomme-11695.php.

[324] Comment Homo sapiens a conquis la planète. [EB/OL]. https://www.pourlascience.fr/sd/prehistoire/comment-homo-sapiens-a-conquis-laplanete-8796.php.

[325] Toumaï : Sahelanthropus tchadensis. [EB/OL]. https://www.hominides.com/html/ancetres/ancetres-tumai-sahelanthropus-tchadensis.php.

[326] Toumaï. [EB/OL]. https://www.futura-sciences.com/planete/definitions/paleontologie-toumai-17044/.

[327] Assurbanipal : http://antikforever.com/Mesopotamie/Assyrie/assurbanipal.htm.

[328] Assurbanipal le lettré. [EB/OL]. https://www.lemonde.fr/ete-2007/article/2007/08/17/assurbanipal-le-lettre_945245_781732.html.

[329] Origine et histoire de la tomate. [EB/OL]. https://jardinage. lemonde. fr/dossier-73-tomate-origine-histoire.html.

[330] Assurnasirpal II : http://oracc.museum.upenn.edu/nimrud/ancientkalhu/thepeople/assurnasirpalii/index.html.

[331] Cultes et rites en Grèce et à Rome. [EB/OL]. https://www.louvre.fr/sites/default/files/medias/medias_fichiers/fichiers/pdf/louvre-cultesgrece.pdf.

[332] Le repas de tous les jours, leur déroulement chez les Romains :http://www.antiquite.ac-versailles.fr/aliment/alimen06.htm.

[333] Cuisines d'Afrique noire précoloniale : http://www.oldcook.com/histoire-cuisines_afrique.

[334] CRISPR-Cas. une technique révolutionnaire pour modifierle génome. [EB/OL]. https://www.museum.toulouse.fr/-/crispr-cas-unetechnique-revolutionnaire-pour-modifier-le-genome.

[335] Women of the Conflict. [EB/OL]. https://42265766.weebly.com/women-involved.html.

[336] The factory that Oreo built. [EB/OL]. https://www.smithsonianmag.com/history/factory-oreos-built-180969121/.

[337] How candy makers shape nutrition science. [EB/OL]. https://apnews.com/f9483d554430445fa6566bb0aaa293d1.

[338] Se conformer au nouveau tableau nutritionnel américain:http://www.processalimentaire.com/Qualite/Export-se-conformer-aunouveau-tableau-nutritionnel-americain-30003.

[339] Étiquetage des denrées alimentaires. [EB/OL]. https://www.economie.gouv.fr/dgccrf/Publications/Vie-pratique/Fiches-pratiques/Etiquetage-des-denrees-alimentaires.

[340] États-Unis : la révolte des élèves contre les légumes obligatoiresde la cantine. [EB/OL]. https://www.nouvelobs.com/rue89/rue89-american-miroir/20140907.RUE0643/etats-unis-la-revolte-deseleves-contre-les-legumes-obligatoires-de-la-cantine.html.

[341] Des parents mécontents de la cantine jouent aux "limaces"avec les paiements : http://www.lefigaro.fr/actualite-france/2014/02/24/01016-20140224ARTFIG00203-des-parents-mecontents-par-lacantine-jouent-aux-limaces-avec-les-paiements.php.

[342] Why Nestle is one of the most hated companies in the world. [EB/OL]. https://www.zmescience.com/science/nestle-company-pollution-children/.

[343] Le lait pour bébé. plaie des pays pauvres. 1.5 million denourrissons meurent chaque année faute d'être alimentés au sein. [EB/OL]. https://www.liberation.fr/planete/1998/05/25/le-lait-pour-bebe-plaiedes-pays-pauvres-15-million-de-nourrissons-meurent-chaque-anneefaute-d-etre_236961.

[344] Ces biberons qui tuent[EB/OL]. https://www.monde-diplomatique.fr/1997/12/BRISSET/5061.

[345] Le retour des émeutes de la faim. [EB/OL]. https://www.scienceshumaines.com/le-retour-des-emeutes-de-la-faim_fr_22389.html.

[346] 1 % des denrées alimentaires contaminées par des métaux lourds : http://www.lafranceagricole.fr/actualites/environnement-1-des-denrees-alimentaires-contaminees-par-des-metaux-lourds-1.2.2403411581.html.

[347] Sugar's bitter aftertaste. [EB/OL]. https://www.fortuneindia.com/macro/how-sugar-influences-politics-in-india/102326.

[348] Biocarburant. [EB/OL]. https://www.connaissancedesenergies.org/fiche-pedagogique/biocarburant.

[349] Les biocarburants : une filière pas si bio. [EB/OL]. https://www.lexpress.fr/actualite/societe/environnement/les-biocarburants-unefiliere-pas-si-bio_2016120.html.

[350] Tableau de bord biocarburants 2018 : http://www.panorama-ifpen.fr/tableau-de-bord-biocarburants-2018/.

[351] Le mythe du sanglier gaulois : http://nous-etions-gaulois.over-blog.com/2015/01/le-mythe-du-sanglier-gaulois-prefere-a-la-realite-du-chien-que-les-gaulois-mangeaient.html.

[352] Histoire & vertus de l'ananas : http://taxis.brousse.free.fr/ananas_histoire.htm.

[353] Le repas gastronomique des Français. [EB/OL]. https://ich.unesco.org/fr/RL/le-repas-gastronomique-des-francais-00437.

[354] La restauration scolaire : évolution et contraintes réglementaires : http://institutdanone.org/objectif-nutrition/la-restauration-scolaire-evolution-et-contraintes-reglementaires/dossier-la-restauration-scolaire-evolution-et-contraintes-reglementaires/.

[355] A brief history of school lunch : http://mentalfloss.com/article/86314/brief-history-school-lunch.

[356] Nestlé. l'histoire d'un géant de l'agroalimentaire. [EB/OL]. https://www.lsa-conso.fr/nestle-l-histoire-d-un-geant-de-l-agroalimentaire. 138832.

[357] Du côté des bébés depuis 1881. [EB/OL]. https://www.bledina.com/une-belle-histoire/.

[358] Unilever History 1871—2017. [EB/OL]. https://www.unilever.com/about/who-we-are/our-history/#.

[359] Colonel Sanders Started With A Gas Station And A Shoot-Out». [EB/OL]. https://knowledgenuts.com/2015/01/08/colonel-sandersstarted-with-a-gas-station-and-a-shoot-out/

[360] World Beef production. [EB/OL]. https://beef2live.com/storyworld-beef-production-ranking-countries-247-106885.

[361] Fritz Haber : l'homme le plus important dont vous n'avez jamais entendu parler. [EB/OL]. https://blog.francetvinfo.fr/classe-eco/2018/02/10/fritz-haber-lhomme-le-plus-important-dont-vous-navez-jamais-entendu-parler.html.

[362] The Ocean Is Losing Its Breath. Here's the Global Scope. . [EB/OL]. https://serc.si.edu/media/press-release/ocean-losing-its-breathheres-global-scope.

[363] Histoire de la politique agricole commune. [EB/OL]. https://www.touteleurope. eu/actualite/histoire-de-la-politique-agricole-commune.html.

[364] Alimentation infantile : le marché de la baby food ne connaît pas la crise : http://www.agro-media.fr/analyse/alimentation-infantile-marche-et-acteurs-de-l-alimentation-infantile-b-4699.html.

[365] 10 faits sur l'allaitement maternel. [EB/OL]. https://www.who.int/features/factfiles/breastfeeding/fr/.

[366] The Vegan Society. [EB/OL]. https://www.vegansociety.com/news/media/statistics.

[367] Sept algues comestibles et leurs bienfaits. [EB/OL]. https://www.santemagazine.fr/medecines-alternatives/approches-naturelles/phyto therapie/sept-algues-comestibles-et-leurs-bienfaits-198753.

[368] Que vaut vraiment le fonio. la céréale à la mode ?. [EB/OL]. https://www.ouest-france.fr/leditiondusoir/data/17221/reader/reader.html#!preferred/1/package/17221/pub/24760/page/9.

[369] McDonald's championing research into insect feed for chickens. [EB/OL]. https://www.feednavigator.com/Article/2018/03/27/McDonald-s-championing-research-into-insect-feed-for-chickens.

[370] Les exosquelettes des insectes : http://exosquelette1.e-monsite.com/pages/les-exosquelettes-des-insectes.html.

[371] Innovafeed : http://innovafeed.com/.

[372] Les bienfaits des flavonoïdes. [EB/OL]. https://www.futura-sciences.com/sante/actualites/medecine-bienfaits-flavonoides-22355/.

[373] Alimentation des chimpanzés. [EB/OL]. https://www.futura-sciences.com/planete/dossiers/zoologie-chimpanze-grand-singe-menace-1867/page/4/.

[374] Ces animaux qui se soignent tout seuls[EB/OL]. https://lejournal.cnrs.fr/articles/ces-animaux-qui-se-soignent-tout-seuls.

[375] Quand les insectes se soignent par les plantes : http://www.humanite-biodiversite.fr/article/quand-les-insectes-se-soignentpar-les-plantes.

[376] BioCultivator. [EB/OL]. https://innovation.biomimicry.org/team/biocultivator/.

[377] 8 Finalists Join First-Ever Biomimicry Accelerator on Mission to Feed 9 Billion. [EB/OL]. https://sustainablebrands.com/read/product-service-design-innovation/8-finalists-join-first-ever-biomimicry-accelerator-on-mission-to-feed-9-billion.

[378] Les plantes se parlent grâce à leurs racines. [EB/OL]. https://www.futurasciences.com/planete/actualites/botanique-plantes-parlent-graceleurs-racines-71122/.

[379] Étiquetage des denrées alimentaires : http://www.fao.org/food-labelling/fr/.

[380] Codex alimentarius: International food standards : http://www.fao.org/fao-who-codexalimentarius/about-codex/en/#c453333.

[381] FAO–Traditional crops–Moringa : http://www.fao.org/traditional-crops/moringa/en/.

[382] FAO – Cultures traditionnelles – Le pois bambara : http://www.fao.org/traditional-crops/bambaragroundnut/fr/.

[383] De la stevia, du tagatose ou du sucre ? Les avantages et lesinconvénients des édulcorants. [EB/OL]. https://www.pharmamarket.be/be_fr/blog/conseils-pour-le-sucre-et-les-edulcorants.

[384] Semences : la biodiversité en danger ?. [EB/OL]. https://www.lesechos.fr/17/11/2005/LesEchos/19542-044-ECH_semences-la-bio diversite-en-danger.htm.

[385] Le monde protège désormais 15 % de ses terres. mais deszones cruciales pour la biodiversité restent oubliées. [EB/OL]. https://www.iucn.org/fr/news/secretariat/201609/le-monde-prot%C3%A8ged%C3%A9sormais-15-de-ses-terres-mais-des-zones-cruciales-pourla-biodiversit%C3%A9-restent-oubli%C3%A9es.

[386] Les sols sont en danger, mais la dégradation n'est pas irréversible : http://www.fao.org/news/story/fr/item/357221/icode/.

[387] La fertilité des sols part en poussière. [EB/OL]. https://www.lesechos.fr/10/01/2016/lesechos.fr/021608908597_la-fertilite-des-sols-part-enpoussiere.htm.

[388] Nicolas Appert. l'inventeur de la conserve:http://www.savoirs.essonne.fr/thematiques/le-patrimoine/histoire-des-sciences/nicolas-appert-linventeur-de-la-conserve/.

[389] Appert et l'invention de la conserve. [EB/OL]. https://www.napoleon.org/histoire-des-2-empires/articles/appert-et-linvention-de-la-conserve/.

[390] Retrait des produits phytopharmaceutiques associant en coformulation glyphosate et POE-Tallowamine du marché français. [EB/OL]. https://www.anses.fr/en/node/122964.

[391] Fertilisants organiques. [EB/OL]. https://fertilisation-edu.fr/production-ressources/fertilisants-organiques.html.

[392] Alimentation saine. [EB/OL]. https://www.who.int/fr/news-room/fact-sheets/detail/healthy-diet.

[393] Les acides gras trans. [EB/OL]. https://www.anses.fr/fr/content/les-acides-gras-trans.

[394] Les graisses cis et trans. [EB/OL]. https://www.lanutrition.fr/biendans-son-assiette/aliments/matieres-grasses/huiles/les-graissescis-et-trans.

[395] InnovaFeed lève 40 millions pour produire ses protéinesd'insectes. [EB/OL]. https://business.lesechos.fr/entrepreneurs/financer-sacreation/0600220354880-innovafeed-leve-40-millions-pour-produireses-proteines-d-insectes-325340.php.

[396] Petite histoire du carême : http://www.orthodoxa.org/FR/orthodoxie/traditions/histoireCareme.htm.

[397] Sens, origine et histoire du carême. [EB/OL]. https://cybercure.fr/les-fetes-de-l-eglise/careme/jeune-abstinence/article/sens-origineet-histoire-du-careme.

[398] 3 textes de cuisine dans un manuscrit de médecine de laBibliothèque Nationale de Paris : http://www.oldcook.com/medieval-livres_cuisine_liber_coquina#lib.

[399] 11 Ways The Environment Can Affect Your Appetite & How To Use It To Your Advantage. [EB/OL]. https://www.bustle.com/articles/160463-11-ways-the-environment-can-affect-your-appetite-how-touse-it-to-your-advantage.

[400] Le rôle de l'intestin grêle dans la digestion. [EB/OL]. https://eurekasante.vidal.fr/nutrition/corps-aliments/digestion-aliments.html?pb= intestin-grele.

[401] Microbiote intestinal (flore intestinale) : une piste sérieuse pour comprendre l'origine de nombreuses maladies. [EB/OL]. https://www. inserm.fr/information-en-sante/dossiers-information/microbioteintestinal-flore-intestinale.

[402] «Quinoa 2013 : année internationale»:http://www.fao.org/quinoa-2013/what-is-quinoa/distribution-and-production/fr/.

[403] « Histoire de la cuisine chinoise ». [EB/OL]. https://chine. in/guide/histoire-cuisine_3785.html.

[404] Horror of a hidden chinese famine. [EB/OL]. https://www.nytimes.com/1997/02/05/

books/horror-of-a-hidden-chinese-famine.html?mtrref=en.wikipedia.org&mtrref=www.nytimes.com&gwh= 80A73637 F90530474BA6D8D940D798FC&gw =pay.

[405] Violences de masse en République populaire de Chine depuis 1949 : http://www.sciencespo.fr/mass-violence-war-massacre-resistance/fr/document/violences-de-masse-en-republique-populairede-chine-depuis-1949.

[406] The Biafran War. [EB/OL]. https://web.archive.org/web/20170214103207/http:/www1.american.edu/ted/ice/biafra.htm.

[407] Un tiers des ménages français sont "flexitariens". 2 % sont végétariens. [EB/OL]. https://www.lemonde.fr/planete/article/2017/12/01/un-tiers-des-menages-francais-sont-flexitariens-2-sont-vegetariens_5223312_3244.html.

[408] L'évolution de l'agriculture et la différenciation entre les genressont-elles liées ? : http://archeoblogue.com/2017/antiquite-chinoise/levolution-de-lagriculture-et-la-differenciation-entre-les-genres-sontelles-liees/.

[409] Les jaïns : Peace & véganisme. [EB/OL]. https://lecanardcurieux.wordpress.com/2016/04/02/les-jains-peace-veganisme/.

[410] La Révolution verte en Inde : un miracle en demi-teinte. [EB/OL]. https://les-yeux-du-monde.fr/histoires/2233-la-revolution-verte-eninde-un-miracle-en-demi-teinte.

[411] Indian farmers and suicide : How big is the problem ? . [EB/OL]. https://www.bbc.com/news/magazine-21077458.

[412] Ampleur des pertes et gaspillages alimentaires:http://www.fao.org/3/i2697f/i2697f02.pdf.

[413] Ayurvedic global market outlook. [EB/OL]. https://www.wiseguyreports.com/reports/3079196-ayurvedic-global-market-outlook-2016-2022.

[414] History of Tesco. [EB/OL]. https://www.tescoplc.com/about-us/history/.

[415] Genome News Network : http://www.genomenewsnetwork.org/resources/timeline/1973_Boyer.php.

[416] Flavr Savr Tomato. [EB/OL]. https://biotechnologysociety.wordpress.com/2015/02/16/flavr-savr-tomato/.

[417] Les insectes pollinisateurs. facteur le plus déterminant desrendements agricoles[EB/OL]. https://www.lemonde.fr/biodiversite/article/2016/01/25/les-insectes-pollinisateurs-facteur-le-plus-determinant-des-rendements-agricoles_4853077_1652692.html.

[418] La fin des abeilles coûterait 3 milliards d'euros à la France. [EB/OL]. https://www.lesechos.fr/23/11/2016/lesechos.fr/0211524182817_la-fin-des-abeilles-couterait-3-milliards-d-euros-a-la-france.htm#formulaire_enrichi ::bouton_google_inscription_article.

[419] Faut-il s'inquiéter de la disparition des insectes?. [EB/OL]. https://www.la-croix.com/Sciences-et-ethique/Environnement/Faut-sinquieterdisparition-insectes-2017-10-31-1200888476.

[420] Au Mexique. l'impact de la taxe sur les sodas fait polémique. [EB/OL]. https://www.lemonde.fr/economie/article/2017/11/14/au-mexique-limpact-de-la-taxe-sur-les-sodas-fait-polemique_5214624_3234.html.

[421] Le Parlement estonien approuve une législation imposantune taxe sur les boissons sucrées : http://www.euro.who.int/fr/countries/estonia/news/news/2017/06/parliament-in-estoniaapproves-legislation-taxing-soft-drinks.

[422] Les superfruits. un concentré d'antioxydants. [EB/OL]. https://blog.laboratoire-lescuyer.com/les-superfruits-un-concentre-antioxydants/.

[423] Processed Superfruit Market. [EB/OL]. https://www.futuremarketinsights.com/reports/processed-superfruits-market.

[424] The Oasis Aquaponic Food Production System : http://www.bridge-communities.org/oasis.html.

[425] Un comportement altruiste chez les plantes : http://ethologie.unige.ch/etho1.09/par.date/2010.05.26.htm.

[426] La symbiose. [EB/OL]. https://www.futura-sciences.com/planete/definitions/nature-symbiose-260/.

[427] À Rennes. une imprimante 3D alimentaire fait des crêpes très design. [EB/OL]. https://www.20minutes.fr/rennes/1998119-20170118-videorennes-imprimante-3d-alimentaire-fait-crepes-tres-design.

[428] L'agriculture industrielle est majoritairement responsable dela disparition alarmante des forêts. [EB/OL]. https://trustmyscience.com/nouvelle-etude-revele-role-agriculture-industrielle-disparition-forets/.

[429] Découverte du plus ancien Homo sapiens hors d'Afrique. [EB/OL]. https://www.lemonde.fr/sciences/article/2018/01/25/decouverte-en-israel-du-plus-ancien-homo-sapiens-hors-d-afrique_5247195_1650684.html.

[430] Consommation de thé en Inde et en Chine : http://www.indiablognote.com/article-l-inde-dans-l-histoire-du-the-36809263.html.

[431] Apicius premier cuisinier : http://agora.qc.ca/dossiers/Marcus_Gavius_Apicius.

[432] Histoire des épices. [EB/OL]. https://www.futura-sciences.com/planete/dossiers/botanique-epices-histoire-senteurs-epices-858/page/2/.

[433] Les banquets romains. [EB/OL]. https://amis-chassenon.org/71+les-banquets-romains.html.

[434] Histoire du safran : http://www.safrandustival.fr/le-safran/histoire.

[435] La quête des épices. moteur de l'Histoire:http://ericbirlouez.fr/files/CONFERENCE_La_Quete_des_Epices.pdf.

[436] Histoire du fast-food White Castle. [EB/OL]. https://www.rd.com/food/fun/white-castle-burger-facts/.

[437] Biggest farms in the world. [EB/OL]. https://www.worldatlas.com/articles/biggest-farms-in-the-world.html.

[438] 11 countries that kill over 25 million dogs a year. [EB/OL]. https://foreverinmyheartjewelry.com/blogs/news/11-countries-that-kill-over-25-million-dogs-a-year.

[439] L'UE reste en tête du commerce agroalimentaire mondial. [EB/OL]. https://ec.europa.eu/luxembourg/news/lue-reste-en-t %C3%AAte-du-commerce-agroalimentaire-mondial_fr.

[440] La consommation d'aliments ultra-transformés est-elle liéeaux risques de cancer?. [EB/OL]. https://www.inserm.fr/actualites-et-evenements/actualites/consommation-aliments-ultra-transformes-estelle-liee-risque-cancer.

[441] Quels insectes comestibles mange-t-on en Amérique du Sud ? : http://www.insecteo.com/conseils/insectes-comestiblesmange-t-on-amerique-sud/.

[442] Les insectes. incontournable de la gastronomie thaïlandaise. [EB/OL]. https://www.geo.fr/voyage/incontournables-en-thailande-les-insectescomestibles-193085.

[443] Feed. [EB/OL]. https://www.feed.co/fr/.

[444] Slant. [EB/OL]. https://www.slant.co/.

[445] Le monde selon Subway. [EB/OL]. https://www.youtube.com/watch?v=QvwQH5e7A3A

[446] FAOSTAT : http://www.fao.org/faostat/en/#data.

[447] Goodbye mozzarella : du fromage sans lait pour des pizzasmoins chères. [EB/OL]. https://www.nouvelobs.com/rue89/rue89-consommation/20120526.RUE0209/goodbye-

mozzarella-du-fromage-sanslait-pour-des-pizzas-moins-cheres.html.

[448] Les Français. champions du monde du temps passé à table. [EB/OL]. https://fr.statista.com/infographie/13223/les-francais-championsdu-temps-passe-a-table/.

[449] Enterra receives new approvals to sell sustainable insectingredients for animal feed in USA. Canada and EU. [EB/OL]. https://globenewswire.com/news-release/2018/02/21/1372806/0/en/Enterrareceives-new-approvals-to-sell-sustainable-insect-ingredients-foranimal-feed-in-USA-Canada-and-EU.html.

[450] Sugar and sweetener yearbook tables. [EB/OL]. https://www.ers.usda.gov/data-products/sugar-and-sweeteners-yearbook-tables/sugarand-sweeteners-yearbook-tables/#U.S.%20Consumption%20of%20Caloric%20Sweeteners.

[451] Les États-Unis sont le premier pays consommateur de sucre. [EB/OL]. https://www.aa.com.tr/fr/sante/les-%C3%A9tats-unis-sont-le-premier-pays-consommateur-de-sucre/75800.

[452] India sees decline in per capita sugar consumption. [EB/OL]. https://mumbaimirror.indiatimes.com/mumbai/other/india-sees-decline-inper-capita-sugar-consumption/articleshow/66336704.cms.

[453] Raising concern about the safety of food. medicine : http://www.pewglobal.org/2016/10/05/chinese-public-sees-more-powerfulrole-in-world-names-u-s-as-top-threat/10-4-2016-9-38-34-am-2/.

[454] How Instagram transformed the restaurant industry for millennials. [EB/OL]. https://www.independent.co.uk/life-style/food-and-drink/millenials-restaurant-how-choose-instagram-social-media-whereeat-a7677786.html.

[455] First lab-grown hamburger gets full marks for “mouth feel”. [EB/OL]. https://www.theguardian.com/science/2013/aug/05/world-first-synthetic-hamburger-mouth-feel.

[456] Agroalimentaire : Bill Gates et Richard Branson misent surla viande “propre”. [EB/OL]. https://www.latribune.fr/entreprises-finance/industrie/agroalimentaire-bill-gates-et-richard-branson-misent-sur-laviande-propre-747891.html.

[457] Regulation of cell-cultured meat. [EB/OL]. https://fas.org/sgp/crs/misc/IF10947.pdf

[458] Catalogue officiel : http://cat.geves.info/Page/ListeNationale.

[459] Une “ruche de table” financée avec succès sur Kickstarter. [EB/OL]. https://www.sciencesetavenir.fr/nature-environnement/agriculture/une-ruche-de-table-financee-avec-

succes-sur-kickstarter_101282.

[460] À Bruxelles. le lobby du sucre très énergique contre les taxes. [EB/OL]. https://www.lepoint.fr/societe/a-bruxelles-le-lobby-du-sucretres-energique-contre-les-taxes-19-10-2017-2165834_23.php.

[461] Oldest noodles unearthed in China : http://news.bbc.co.uk/2/hi/science/nature/4335160.stm.

[462] L'origine des pâtes ou la fin d'un mythe. [EB/OL]. https://www.lalibre.be/lifestyle/food/l-origine-des-pates-ou-la-fin-d-un-mythe-51b8eae5e4b0de6db9c69694.

[463] L'histoire des pâtes italiennes : http://www.food-info.net/fr/products/pasta/history.htm.

[464] La fascinante histoire de la baguette. "reine" des pains français. [EB/OL]. https://www.epochtimes.fr/la-fascinante-histoire-de-la-baguette-reine-des-pains-francais-7739.html.

[465] Qui a inventé la baguette de pain?. [EB/OL]. https://www.caminteresse.fr/questions/la-baguette-nest-pas-si-vieille-que-ca/.

[466] Le "décret pain". qui protège la baguette traditionnelle. fêteses 22 ans. [EB/OL]. https://www.rtl.fr/actu/debats-societe/le-decret-painqui-protege-la-baguette-traditionnelle-fete-ses-22-ans-7779706523.

[467] Réserve mondiale de semences du Svalbard : un millionde graines déposées. [EB/OL]. https://www.futura-sciences.com/planete/actualites/developpement-durable-reserve-mondiale-semences-svalbard-million-graines-deposees-13590/#xtor=RSS-8.

[468] Cinq pesticides classés cancérogènes "probables" par l'OMS. [EB/OL]. https://www.lesechos.fr/20/03/2015/lesechos.fr/0204242732661_cinq-pesticides-classes-cancerogenes--probables--par-l-oms.htm.

[469] Le suicide de Vatel – la véritable lettre de Mme de Sévigné:http://atelier-ecriture-lagord.over-blog.com/2018/01/la-veritablelettre-de-mme-de-sevigne.html.

[470] 09 février 1747 : Le second mariage du Dauphin de France : http://louis-xvi.over-blog.net/article-09-fevrier-1747-mariage-de-louisferdinand-dauphin-de-france-64334093.html.

[471] The Guy who invented chewing gum – A life of many firsts : http://www.truetreatscandy.com/the-guy-who-inventedchewing-gum-a-life-of-many-firsts/.

[472] The story of instant coffee. [EB/OL]. https://www.thespruceeats.com/instant-coffee-guide-764526.

[473] Le Ritz : “Un chef-d’oeuvre” selon Le Figaro de 1898:http://www.lefigaro.fr/histoire/archives/2016/06/03/26010-20160603ARTFIG00284-le-ritz-un-chef-d-oeuvre-selon-le-figaro-de-1898.php.

[474] Agriculture. La longue histoire de la chimie aux champs. [EB/OL]. https://www.articles-epresse.fr/article/27239.

[475] Lyophilisation. [EB/OL]. https://www.universalis.fr/encyclopedie/lyophilisation/1-origine-et-developpement/.

[476] Percentage of U.S. agricultural products exported. [EB/OL]. https://www.fas.usda.gov/data/percentage-us-agricultural-productsexported.

[477] Chine : contexte agricole et relations internationales. [EB/OL]. https://agriculture.gouv.fr/chine-contexte-agricole-et-relations-internationales.

[478] La Chine n’a jamais importé autant de soja. [EB/OL]. https://www.lesechos.fr/19/06/2017/LesEchos/22468-152-ECH_la-chine-n-a-jamais-importe-autant-de-soja.htm

[479] Aperçu du marché – Chine:http://www.agr.gc.ca/fra/industrie-marches-et-commerce/renseignements-sur-les-marchesinternationaux-de-lagroalimentaire/rapports/apercu-du-marchechine/?id=1530811718505.

[480] La Chine exploite 10 millions d’hectares de terres agricoleshors de ses frontières: http://www.leparisien.fr/espace-premium/fait-du-jour/10-millions-d-hectares-de-terres-cultivees-hors-de-leursfrontieres-30-06-2016-5926767.php.

[481] Consommation mondiale de pizza. [EB/OL]. https://www.planetoscope.com/Autre/1605-consommation-mondiale-de-pizzas.html.

[482] Americans consume about 3 billion pizzas a year (and 15 other pizza facts). [EB/OL]. https://aghires.com/pizza-facts/.

[483] Pizza : une consommation en repli. [EB/OL]. https://www.avise-info.fr/alimentaire/pizza-une-consommation-en-repli.

[484] Top 10 Wheat Producing States of India. [EB/OL]. https://www.mapsofindia.com/top-ten/india-crops/wheat.html.

[485] Top 10 Rice Producing States of India. [EB/OL]. https://www.mapsofindia.com/top-ten/india-crops/rice.html.

[486] L'alimentation représente 62.3 % des dépenses totales desménages congolais : http://www.economico.cd/2018/05/10/lalimentation-represente-623-des-depenses-totales-des-menages-congolais/.

[487] Unhealthy diet linked to more than 400.000 cardiovasculardeaths. [EB/OL]. https://newsarchive.heart.org/unhealthy-diets-linkedto-more-than-400000-cardiovascular-deaths/.

[488] Qui mange encore de la viande en France? : http://www.lefigaro.fr/conso/2015/10/26/05007-20151026ARTFIG00240-quimange-encore-de-la-viande-en-france.php.

[489] Vegan food sales topped $3.3 bn in 2017. [EB/OL]. https://www.livekindly.co/vegan-food-sales-3-3-billion-2017/.

[490] Diabetes. [EB/OL]. https://www.who.int/news-room/fact-sheets/detail/diabetes.

[491] Nutrition. surcharge pondérale et obésité – Stratégie del'Union européenne. [EB/OL]. https://eur-lex.europa.eu/legal-content/FR/TXT/?uri=LEGISSUM%3Ac11542c.

[492] Protect the last of the wild. [EB/OL]. https://www.nature.com/articles/d41586-018-07183-6.

[493] Les zones humides : pourquoi m'en soucier?. [EB/OL]. https://www.ramsar.org/sites/default/files/151105_fiche_technique_1-4_fra_2.pdf.

[494] Article R214-63. [EB/OL]. https://www.legifrance.gouv.fr/affichCodeArticle. do?cidTexte=LEGITEXT000006071367&idArticle=LEGIARTI000006587902&dateTexte=&categorieLien=cid.

[495] Changement climatique : un défi de plus pour l'agricultureen Afrique : http://www.fondation-farm.org/zoe/doc/notefarm8_climatdefi_oct2015.pdf.

[496] Composting with worms - Oregon State University. [EB/OL]. https://www.google.com/search?q=oregon+worm+intestines+fertilizers&rlz=1C1CHBF_frFR813FR813&oq=oregon+worm+intestines+fertilizers&aqs=chrome..69i57.12081j0j9&sourceid=chrome&ie=UTF-8.

[497] The food free diet : http://www.technoccult.net/tag/biohacking/.

[498] On current trends. almost a quarter of people in the world will be obese by 2045. and 1 in 8 will have type 2 diabetes. [EB/OL]. https://www.eurekalert.org/pub_releases/2018-05/eaft-oct052118.php.

[499] La population mondiale au 1er janvier 2019 : http://economiedurable.over-blog.com/2018/12/la-population-mondiale-au-1erjanvier-2019.html.

[499] Brève histoire de la civilisation Étrusque. [EB/OL]. https://www.anticopedie.fr/mondes/mondes-fr/etrusques-doc.html.

[500] Terres agricoles (% du territoire). [EB/OL]. https://donnees.banquemondiale.org/indicateur/ag.lnd.agri.zs.

[500] Étrusques. un hymne à la vie. [EB/OL]. https://www.herodote.net/etrusques-enjeu-595.php.

[501] Les chiffres-clés de la planète terre. [EB/OL]. https://www.notreplanete.info/terre/chiffres_cle.php.

[501] L'histoire de l'alimentation de l'homme : http://www.montignac.com/fr/l-histoire-de-l-alimentation-de-l-homme/.

[502] Agriculture; plantations; autres secteurs ruraux. [EB/OL]. https://www.ilo.org/global/industries-and-sectors/agriculture-plantationsother-rural-sectors/lang--fr/index.htm.

[502] La vie quotidienne. les repas et l'alimentation sous Auguste. [EB/OL]. https://education.francetv.fr/matiere/antiquite/sixieme/video/la-vie-quotidienne-les-repas-et-l-alimentation-sous-auguste.

[503] Coca-Cola: la gamme. [EB/OL]. https://cocacolaweb.fr/coca-cola/la-gamme/.

[503] Histoire des pâtes. [EB/OL]. https://www.casadalmasso.com/patesitaliennes.

[504] Le pain de mie : moelleux. pratique mais est-il vraimentbon pour notre santé ?. [EB/OL]. https://www.lesdelicesdalexandre.fr/pain-de-mie-moelleux-pratique-vraiment-sante/.

[504] À la découverte de la gastronomie et de la cuisine vénitienne. [EB/OL]. https://www.vivre-venise.com/cuisine-venitienne-gastronomie/.

[505] http://www.bbc.com/future/story/20170114-the-125-year-oldnetwork-that-keeps-mumbai-going.

[505] Quelle cuisine est la plus appréciée dans le monde?. [EB/OL]. https://fr.yougov.com/news/2019/04/10/quelle-cuisine-est-la-plusappreciee-dans-le-monde/.

[506] Pesticides : les pays les plus gros consommateurs. [EB/OL]. https://www.futura-sciences.com/planete/questions-reponses/agriculture-pesticides-pays-plus-gros-consommateurs-10757/.

[506] L'émigration italienne de 1830 à 1914. Causes. conditions et conséquences socio-économiques : http://www.procida-family.com/docs/publications/emigration-italienne.pdf.

[507] Il ne faut pas diaboliser le sucre : http://sante.lefigaro.fr/actualite/2012/02/07/17237-

il-ne-faut-pas-diaboliser-sucre.

[507] Pourquoi la cuisine italienne est la plus populaire du monde. [EB/OL]. https://www.ouest-france.fr/leditiondusoir/data/47020/reader/reader.html#! preferred/1/package/47020/pub/68198/page/9.

[508] L'éducation thérapeutique : une partie qui se joue à 4:http://www.institut-benjamin-delessert.net/fr/prix/presentation/Leducationtherapeutique-une-partie-qui-se-joue-a-4/?displayreturn=true.

[508] Gastronomie. France-Italie:un duel à couteaux tirés. [EB/OL]. https://www.courrierinternational.com/article/2014/10/18/franceitalie-un-duel-a-couteaux-tires.

[509] Le lait de cafard est bien plus nutritif qu'on ne l'imagine. [EB/OL]. https://abonnes.lemonde.fr/big-browser/article/2016/07/27/le-lait-de-cafard-est-bien-plus-nutritif-qu-on-l-imagine_4975504_4832693.html.

[509] Organisation internationale de la vigne et du vin. [EB/OL]. http://www.oiv.int/statistiques/recherche.

[510] Des ménages toujours plus petits. Projection de ménages pourla France métropolitaine à l'horizon 2030. [EB/OL]. https://www.insee.fr/fr/statistiques/1280856.

[510] Eataly fête ses 10 ans : comment la chaîne de magasins d'alimentation italienne a conquis le monde. [EB/OL]. http://www.italianmade. com/ca/eataly-fete-ses-10-ans-comment-la-chaine-de-magasinsdalimentation-italienne-a-conquis-le-monde/?lang=fr.

Émissions radiophoniques

[511] Jean-Noël Jeanneney. Florian Quellier. Le sucre. doux et mortel. Concordance des temps. France Culture. [EB/OL], 2018.

[512] Nicolas Martin. Bernard Pellegrin. Anne-Françoise Burnol. Sucre : la dose de trop. La Méthode scientifique. France Culture.[EB/OL], 2017.

[513] Marie Richeux. Claude Fischler. Le repas : manger ensemble. Pas la peine de crier. France Culture.[EB/OL], 2014.

[514] Marie Richeux. Vincent Robert. Le repas : parler politique àtable. Pas la peine de crier. France Culture.[EB/OL], 2014.

[515] Jacques Attali, Stéphanie Bonvicini. Michel Serres. De quoimanger est-il le nom ? . Le Sens des choses. France Culture.[EB/OL], 2017.

[516] Jacques Attali. Stéphanie Bonvicini. Natacha Polony. Le sucré. le salé. et la fonction politique de l'alimentation . Le Sens des choses. France Culture.[EB/OL], 2017.

[517] Jacques Attali. Stéphanie Bonvicini. Pierre Rabhi. Manger. boire et méditer. Le Sens des choses. France Culture.[EB/OL], 2017.

[518] Jacques Attali, Stéphanie Bonvicini. Michel-Édouard Leclerc. Comment la distribution influe sur la production . Le Sens des choses. France Culture.[EB/OL], 2017.

[519] Jacques Attali. Stéphanie Bonvicini. Edgar Morin. La planète doit-elle nourrir les hommes ou les hommes doivent-ils nourrir laplanète ? Le Sens des choses. France Culture.[EB/OL], 2017.

[520] Jacques Attali. Stéphanie Bonvicini. Frédéric Saldmann. Comment faudrait-il manger aujourd'hui pour tirer le meilleur deson corps et de son esprit ? Lc Sens des choses. France Culture.[EB/OL], 2017.

[521] Jacques Attali. Stéphanie Bonvicini. Pierre-Henry Salfati. Pascal Picq. Le sens religieux de la nourriture : cannibalisme et interdits religieux. Le Sens des choses. France Culture.[EB/OL], 2017.

[522] Dorothée Barba. Véronique Pardo. Claude Fischler. Sophie Briand. Le futur à table ! . Demain la veille. France Inter. [EB/OL], 2017.

[523] Mathieu Vidard. Gilles Fumey. Christophe Lavelle. Daniele Zappala. L'alimentation de demain. La Tête au carré. France Inter. [EB/OL], 2017.

[524] François-Régis Gaudry. Thierry Charrier. Bruno Fuligni. À latable des diplomates. On va déguster. France Inter. [EB/OL], 2016.

[525] Gérald Roux. Les sacs plastique en Irlande. C'est commentailleurs ?. France Info. 2 janvier [EB/OL], 2017.

Discours

[526] Guy Savoy. Le futur de la gastronomie française. l'un des plusgrands patrimoines à l'échelle mondiale. Institut de France. [EB/OL], 2019.

[527] Indra Nooyi. Discours prononcé à l'occasion du symposium international Noman E. Borlaug. Des Moines. Iowa. [EB/OL], 2009.

Affiche

[528] Mariani & Company. La Coca du Pérou et le Vin Mariani. [EB/OL], 1878.